YINGTAO
ZHONGZHI JISHU

# 樱桃种植技术

《云南高原特色农业系列丛书》编委会 编

主　　编◎杨士吉
本册主编◎张永平

云南高原特色农业系列丛书
YUNNAN GAOYUAN TESE NONGYE XILIE CONGSHU

U0391411

云南出版集团
云南科技出版社
·昆明·

## 图书在版编目（CIP）数据

樱桃种植技术 / 《云南高原特色农业系列丛书》编委会编 . -- 昆明：云南科技出版社，2020.11（2022.5 重印）（云南高原特色农业系列丛书）

ISBN 978-7-5587-2991-1

Ⅰ.①樱… Ⅱ.①云… Ⅲ.①樱桃－果树园艺 Ⅳ.① S662.5

中国版本图书馆 CIP 数据核字 (2020) 第 208036 号

**樱桃种植技术**

《云南高原特色农业系列丛书》编委会　编

责任编辑：唐坤红　洪丽春
助理编辑：曾　芫　张　朝
责任校对：张舒园
装帧设计：余仲勋
责任印制：蒋丽芬

书　　号：ISBN 978-7-5587-2991-1
印　　刷：云南灵彩印务包装有限公司印刷
开　　本：889mm×1194mm　1/32
印　　张：5.875
字　　数：148 千字
版　　次：2020 年 11 月第 1 版
印　　次：2022 年 5 月第 3 次印刷
定　　价：25.00 元

出版发行：云南出版集团　云南科技出版社
地　　址：昆明市环城西路 609 号
电　　话：0871-64190889

# 编　委　会

主　　任　唐　飚

副　主　任　李德兴

主　　编　张永平

参编人员　朱正华　　施菊芬　　张　桦

审　　定　李德兴

编写学校　云南省红河州农业学校

# 前　言

　　樱桃是蔷薇科樱属几种植物的统称。世界上作为栽培的樱桃仅有4种，即樱桃、欧洲甜樱桃、欧洲酸樱桃和毛樱桃。其中，在生产上起重要作用的是樱桃、欧洲甜樱桃和欧洲酸樱桃，核果近球形或卵球形，呈红色至紫黑色，直径0.9~2.5厘米。

　　樱桃主要分布于欧洲、亚洲及北美等地。中国樱桃的分布非常广泛，北方大部分地区、江南、云贵川地区都有分布，不同地方的樱桃味道和口感也不尽相同，产地和品种基本上决定了樱桃的口味。

　　樱桃生于山坡林中、林缘、灌丛中或草地，适宜的土壤pH值为6.5~7.5的中性环境，在土层深厚、土质疏松、通气良好的沙壤土上生长较好。

　　樱桃在中国久经栽培，品种颇多，供食用，也可酿樱桃酒；樱桃枝、叶、根、花也可供药用；除鲜食外，还可以加工制作成樱桃酱、樱桃汁、樱桃罐头和果脯、露酒等，具有艳红色泽，杏仁般的香气，食之使人迷醉。

# 目录

## 第四篇　苗木繁育

# 第五篇　建园定植

# 第六篇　土肥水管理

# 第七篇　整形修剪

## 第八篇　花果管理

## 第九篇　病虫害防治

# 第一篇　樱桃概述

　　樱桃是蔷薇科樱属植物，俗名野酸梅。云南省已开发利用，用来加工饮料、果酱等，并可从中提取果胶、果酸物质，果仁脱苦、脱酸后可加工成营养丰富的蛋白饮料，还能酿造果酒，其果酒风味独特，品质上乘，具有很大的市场潜力。

# 一、栽培樱桃的经济意义

## （一）营养丰富

　　樱桃成熟时颜色鲜红，玲珑剔透，味美形娇，营养丰富，医疗保健价值颇高，又有"含桃"的别称。在水果家族中，一般铁的含量较低，樱桃却卓然不群，一枝独秀。每 100 克樱桃中含铁量多达 5 ~ 9 毫克，居于水果首位，维生素 A 含量比葡萄、苹果、橘子多 4 ~ 5 倍。此外，樱桃中还含有维生素 B、维生素 C 及钙、磷等矿物元素。每 100 克含水分 83 克，蛋白质 1.4 克，脂肪 0.3 克，糖 8 克，热量 66 千卡，粗纤维

0.4 克，灰分 0.5 克，钙 18 毫克，磷 18 毫克，铁 5.9 毫克，胡萝卜素 0.15 毫克，硫胺素 0.04 毫克，核黄素 0.08 毫克，尼可酸 0.4 毫克，抗坏血酸 3 毫克，钾 258 毫克，

钠 0.7 毫克，镁 10.6 毫克。

（二）经济效益高

樱桃适应性强，栽培管理容易，成熟期特早，有"春果第一枝"的美称。樱桃果实生长期仅 28 ～ 60 天，病虫害危害不严重，果实发育期间基本上不打药，具备生产绿色食品的条件，其管理不像其他果树一样复杂，用工较少，生产成本相对较低。大力发展樱桃对提高农民收入有重要意义。

（三）重要的加工原料

果实除鲜食外，还可以制成樱桃汁、酒、酱、什锦樱桃、什锦蜜饯、酒香樱桃、糖水樱桃、樱桃脯、樱桃点心等 20 多种加工产品。樱桃的鲜果及其加工品，产品畅销，供不应求。

（四）观赏绿化

樱花鲜艳亮丽，枝叶繁茂旺盛，花期早，花量大，结果多，果熟之时，果红叶绿，甚为美观，是早春重要的观花树种，常用于园林观赏。可以群植，也可植于山坡、庭院、路边、建筑物前。盛开时节花繁艳丽，满树烂漫，如云似霞，极为壮观。可大片栽植造

成"花海"景观，可三五成丛点缀于绿地形成锦团，也可孤植，形成"万绿丛中一点红"之画意。樱花还可作小路行道树、绿篱或制作盆景。

## 二、发展概况

### （一）国外樱桃栽培

据 2018 年国际鲜果贸易杂志报道，世界樱桃年产量约 230 万吨，其中北半球占 98%，欧洲产量占世界总产量的 80%，北美占 13%，亚洲占 4% 左右。主要生产国有德国、意大利、美国、法国、土耳其、俄罗斯、南联盟、保加利亚、波兰、捷克、匈牙利、日本等国。南半球占 2%，主要在智利、阿根廷、澳大利亚、新西兰和南非。在 230 万吨总产量中，樱桃占 57%，主产国为德国、意大利、美国、法国等；酸樱桃占 43%，主产国为苏联、德国、南斯

拉夫、波兰等。

## （二）国内樱桃栽培

樱桃在我国栽培历史悠久，早在 3000 年前就有记载，除青藏高原、海南省和台湾地区外，北纬 35° 以南各省均有分布。目前，北方地区以大樱桃栽培为主，南方地区仍以中国樱桃为主。

中国樱桃种植面积在过去 10 年中迅速增加。2008 年种植面积约 4 万公顷（60 万亩），2010 年增长至 6 万公顷（90 万亩），2013 年约为 12.7 万公顷（190 万亩），

2014 年 达 到 13.9 万公顷（208 万 亩 ）， 2019 年约 18 万公顷（270 万亩）。 2013 年全国樱桃产量约 45 万吨，2015 年 约 55 万吨，2019 年约 70 万吨，总产量逐年提高。

## 三、樱桃种植前景

### （一）市场需求

樱桃在近几年来其市场需求只增不减，甚至有几年还出现了供不应求的现象。因为我国人民的生活越来越好，日常生活也由温饱逐渐转向了保健。而樱桃的营养价值是非常高的，并且再加上国外车厘子进口后的宣传，樱桃的

市场地位暴增，不过现在我国樱桃的种植面积不是很大，其种植技术及每年产量都无法满足市场。并且樱桃的产量波动很大，高产每亩多达几千千克，少则只有几百千克。所以这样的现状是远远不能满足市场需求的。

（二）种植效益

在种植樱桃时，我们首先需要分析好种植成本。肥力较好的土壤上一般每亩需要投入苗木2000元左右，樱桃对营养的需求大，虽然抗病能力比较强，但还是会有病虫害的发生，因此每亩还需要投入1000元左右的肥料、农药资金。然后再加上人工、土地、管理及其他杂费等，陆陆续续还需要投入3000～4000元。正常种植管理，一亩可产樱桃1500千克左右，品种适宜，品质稍好的收购价格在40元/千克左右。全部收购的话，产值可达到6万～7万元，除去种植成本，每亩的种植效益大概在5

万～6万元。

（三）种植前景

樱桃经过在我国的长期发展，现在的种植技术已经逐渐成熟了。樱桃是一种早春水果，对于水果的淡季市场是有着一定的供需作用的。我国现在的农业发展速度非常快，对水果的需求也越来越大。而樱桃的保健效果又比较好，虽然市场价格比较高，但还是阻止不了人们喜爱的脚步。虽然樱桃的种植技术比较烦琐，不过根据现在的市场行情及市场价格来看，其种植前景还是非常不错的。

# 第二篇 樱桃生物学特征

# 一、植物学特性

## （一）树体与寿命

我国栽培的樱桃主要以大樱桃和中国樱桃两种为主。

### 1.大樱桃

樱桃树体高大，直立性强，层性明显，一般树高
6 ~ 7米，冠径6 ~ 7
米，定植后4 ~ 5年
开始结果，10年左
右进入盛果期，经
济寿命一般可维持
25 ~ 35年。

### 2.中国樱桃

中国樱桃一般不及大樱桃高大，树高4 ~ 6米，层性
也没有大樱桃明显，栽后2 ~ 3年即开始结果，8年左右
进入盛果期，经济寿命为20 ~ 30年。

## （二）根系生长特性

樱桃的根系因种类、繁殖方式、土壤类型及栽培管理
水平的不同有所差异。

### 1.中国樱桃

中国樱桃的实生苗在种子萌发后有明显的主根存在，
但当幼苗长到5 ~ 10片真叶时，主根发育减弱，由2 ~ 3
条发育较粗的侧根代替，因此中国樱桃实生苗无明显主
根，整个根系分布较浅。

## 2.大樱桃

目前，生产上栽培的品种的砧木多数是采用扦插、分株和压条等无性繁殖，苗木的根系是由茎上产生的不定根发育而成，其特点是没有主根，都是侧生根，根量比实生苗大，分布范围广，且有两层以上根系，这是樱桃与其他果树的不同之处。

### （三）芽的类型及特性

樱桃的芽单生，有叶芽、花芽、潜伏芽三种。

### 1.叶芽

（1）形态和着生部位：樱桃的叶芽较瘦长，为尖圆锥状，顶芽一般都是叶芽；幼树和旺树上的侧芽多为叶芽；一般中、短果枝的下部5～10个芽多为花芽，上部侧芽多为叶芽。

（2）萌芽力和成枝力：从种类看，大樱桃的萌芽力低于中国樱桃。从不同年龄时期看，以幼树萌芽力最强，盛果期次之，衰老期最低。

芽具有早熟性，有的在形成当年即能萌发，使枝条在1年中出现多次生长。

（3）樱桃一年生枝短截反应：一般在剪口下抽生3～5个中长发育枝，其余的芽抽生短枝或叶丛枝，基部极少数芽不萌发而变成潜伏芽（隐芽）。

叶芽抽生新梢，用以扩大树冠或转化成结果枝增加结果部位。

（4）樱桃新梢摘心反应：新梢长至10～15厘米时摘心，摘心部位以下仅抽生1～2个中、短枝，其余的芽则抽生叶丛枝，在营养条件较好的情况下，这些叶丛枝当年可形成花芽。利用这一习性，通过夏季摘心来控制树冠，调整枝类组成，培养结果枝组。

## 2.花芽的特性

樱桃花芽肥大饱满，为圆锥形。花芽为纯花芽，花芽内具2～7朵花，开花结果后，其原着生处即行光秃。

在顶端叶芽抽枝延长的过程中，枝条后部和树冠内膛容易发生光秃现象，以至结果部位较快的外移。

## 3.潜伏芽的特性

樱桃潜伏芽是由副芽形成的，副芽着生在枝条基部，形体很小，是侧芽的一种。

这种芽的发育质量很差，一般是在其形成若干年之后，当营养条件改善或受到刺激时，才萌发抽枝。

潜伏芽寿命很长，可达15～20年，它是骨干枝和树冠更新的基础。

中国樱桃 70 ～ 80 年生的大树，当主干或大枝受损或受到刺激后，潜伏芽便可重发枝条更新原来的大枝或主干；樱桃 20 ～ 30 年生的大树其

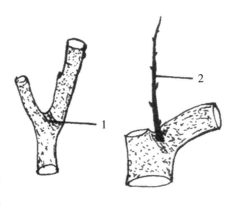

主枝也很容易更新，这是樱桃维持结果年龄、延长寿命的宝贵特性。

**（四）枝的类型及特性**

按其性质，可分为生长枝和结果枝。

**1.生长枝**

生长枝上的芽一般均为叶芽，叶芽萌发后，抽梢展叶，起着扩大树冠、营养树体和形成新的结果枝的作用。

幼树或生长旺盛的成年树，萌发生长枝的能力较强。

树势衰弱和进入盛果期以后的树，生长枝的数量越来越少，所长出的生长枝上，有一部分侧芽也变成了花芽，使生长枝本身成为既有生长枝又有结果枝的混合枝。

**2.结果枝**

混合枝、长果枝、中果枝、短果枝、花束状果枝。

（1）混合枝：果枝长度在 20 厘米以上，枝条上、中部的芽均为叶芽，基部数个侧芽为花芽。混合枝是幼树期间，最早着生花芽的果枝类型。混合枝上的花芽坐果率低，所结果实品质差且成熟晚。

（2）长果枝：长度在
15～20厘米，除顶芽和枝
条前端的几个芽为叶芽外，
其余的全部为花芽。开花
结果后枝条中、下部光秃，
前端的叶芽抽生1～3个长
度不同的果枝，在初果期的
树上，这类果枝常占一定
比例。

长果枝较多的品种（如
大紫等）由于其顶端逐年
延伸，形成一种疏散状的
结果枝组。长果枝上花朵
坐果率较低，但果实个大，
品质较好。

（3）中果枝：长度为
5～15厘米的果枝。除顶
芽为叶芽外，其余的全部为花芽。

（4）短果枝：长度在5厘米左右的果枝。除顶芽为
叶芽外，其余全部为花芽。短果枝坐果能力强，所结果实
品质好。

（5）花束状果枝：长度一般仅有1～1.5厘米，顶
部为叶芽，腋花芽簇生，开花时犹如花束。这种果枝在树
冠中占据空间小，分布密度大，寿命长达7～10年，且
坐果率高，果实品质好。

在以花束状果枝结果为主的品种上，由其顶芽萌发逐年顺其延伸生长，形成一种单轴延伸型枝组。

## 二、对环境条件的要求

### （一）温 度

樱桃是喜温而不耐寒的果树，适于在年平均气温 7 ~ 12℃的地区栽培，一年中，要求日均气温高于 10℃ 的时间在 150 ~ 200 天。种类和品种间存在较大差异。

樱桃的花期较早，影响产量最严重的是早春的霜冻（倒春寒）。若花蕾期遇 -5.5 ~ -1.7℃的低温，开花期和幼果期遇 -2.8 ~ -1.1℃的低温，均会造成冻害。轻则伤害花器、幼果，重则落花、落果，造成绝产。

高温常对樱桃的生长产生危害，在高温、高湿情况下，樱桃树势表现过旺，枝条停止生长晚，树冠郁闭，结果不良，果实品质较差。

### （二）光 照

樱桃是喜光性强的树种，对光照条件的要求比苹果、梨树高。光照条件好时，树体长势健壮，结果枝寿命长，树冠内光秃慢，花芽充实，坐果率高，果实成熟早，着色鲜艳，含糖量高，品质好。

大樱桃喜光性强，中国樱桃较耐荫。

（三）水　分

樱桃对水分状况敏感，既不抗旱，也不耐涝。尤其是我国栽培的大樱桃是欧洲品系，要求有雨量充沛、空气湿润的生态环境，适宜栽培在年降雨量为 600 ~ 800 毫米的地区。樱桃根系较浅，吸收旺盛，需氧量高。

（四）风

风对樱桃栽培有很大影响。休眠期的大风易引起或加重枝条的干枯，导致花芽受冻；花期大风易吹干柱头黏液，降低授粉能力，同时影响昆虫活动，妨碍传粉；新梢生长期大风易刮歪枝条，造成偏冠。

（五）土　壤

樱桃最适于在土层深厚、土质疏松、透气性强，保水力强的沙壤土、壤质沙土和砾质壤土上栽培。樱桃喜微酸性和中性的土壤，栽培适宜的土壤酸碱度 pH 值一般为 5.5 ~ 7.5。耐盐力差，土壤含盐量超过 0.1% 的地方，生长结果不良。

# 第三篇 樱桃品种

中国人所谓的樱桃，基本上只有两种，即中国樱桃和毛樱桃。它们同属不同种，但都是皮薄肉软的，而且供应期短，柔软的果肉不易储存运输是它们的软肋。在19世纪80年代，我国引进了欧洲樱桃品种，在山东一带开始种植。由于它的个头大，起初人们以"樱桃"相称。而在南方，特别是云贵川、两广、港澳台地区，由于中国樱桃和毛樱桃难以种植，因此主要吃的也是欧洲樱桃，他们对这种水果的叫法就是 cherry 的音译"车厘子"。后来，车厘子叫法则更为普及。欧洲樱桃果柄长，个头大，甜度高，汁水多，风味好，深受消费者的喜爱，所以市场上的车厘子卖价也比较高。

# 一、早熟品种

## （一）红　灯

大连市农业科学研究所于1963年由那翁、黄玉杂交育成，1973年命名为红灯。由于其具有早熟、个大、色艳丽等优点，20多年来成为在全国各地发展最快的品种之一。红灯是一个大果、早熟、半硬肉的红色品种。树势强健，枝条直立、粗壮、树冠不开张，必须用人工开张角度。叶片特大、较宽、椭圆形，叶长约17厘米，

宽9厘米；叶柄较软，新梢上的叶片呈下垂状；叶缘复锯齿，大而钝；叶片深绿色，质厚，有光泽，基部有2～3个紫红色肾形大蜜腺。芽的萌发率高，成枝力较强，外围新梢冬季短截后，平均发枝3～4个，直立枝发枝少，斜生枝发枝多。其他侧芽萌发后多形成叶丛枝，一般不形成花芽，随着树龄增长，叶丛枝转化成花束状短果枝。该品种开始结果期一般偏晚，4年开始结果，6年生以后才进入盛果初期。

红灯果实大，平均单果重9.6克，最大果达13.0克；果梗短粗，长约2.5厘米，果皮深红色，充分成熟后为紫红色，有鲜艳光泽；果实呈肾形，肉质较软，肥厚多汁，风味酸甜适口。可溶性固形物在14.5%～15.0%，半离核，核较小，圆形。在烟台一般5月中、下旬成熟，果实发育期45天左右；果实耐贮运；树势强健，生长旺，连续结果能力强，丰产性好。是目前保护地栽培应用最多的一个品种。采收前遇雨有轻微裂果。

### （二）早红宝石

乌克兰育成，是法兰西斯与早熟马尔齐杂交育成的早熟品种，但自花不实，需要授粉。果实心脏形，平均单果重4.8～5.0克。

果皮、果肉暗红色，果肉柔嫩、多汁，味纯，酸甜可口。树体大，生长较快，树冠圆形，紧凑度中等。嫁接树4年进入结果期。该品种一般成熟期极早，比红灯早7～10天。花芽抗寒性强，连年丰产。

（三）早大果

原代号乌克兰2号。由乌克兰农业科学院灌溉园艺科学研究所用白拿破仑、瓦列利、热布列、艾里顿的混合花粉杂交育成。国内译为"早大果"。

果实大，平均单果重8～10克，大者可达20克。果实心脏形，果梗中长、较粗。果皮较厚，成熟后果面呈紫红色。果肉较软，多汁，可溶性固形物含量14%～18%，鲜食品质佳，早采时口味偏酸，风味稍淡，裂果较红灯轻，较耐贮运。成熟期比红灯早3～5天。该品种树体健壮，树冠自然开张。定植后3年结果。该品种自花不实，适宜的授粉品种为拉宾斯等。

该品种抗寒性较强，易成花，果实大，品质优，丰产。缺点是树体较大，应及时采用控冠措施。在湿度较大情况下裂果较重，是一个有发展前途的早熟大果型品种。

（四）早生凡

果实肾形，性状与先锋相似，果顶较平，果顶脐孔较小。果实中大，单果重 8.2 ～ 9.3 克，树体挂果多时，果个偏小。果皮鲜红色至深红色，光亮、鲜艳，果肉硬，果肉、果汁粉红色，可溶性固形物含量 17.1%。缝合线深红色、色淡，很不明显。缝合线一面果肉较凸，缝合线对面凹陷。果柄短，比红灯略长，果柄 2.7 厘米。果核圆形，中大，抗裂果，无畸形果。5 月下旬成熟，果实鲜红色，就可采收上市，5 月底果实紫红色。成熟期比红灯早 5 天左右，比意大利早红早熟 3 天，成熟期集中，1 ～ 2 次即

可采完。能自花结实。

树姿半开张,属短枝紧凑型。树势比红灯弱,比先锋强,但枝条极易成花,当年生枝条基部易形成腋花芽,一年生枝条甩放后易形成一串花束状果枝。节间短,叶间距2.4厘米,叶片大而厚,叶柄特别粗短,平均2.2厘米,具有良好的早果性和丰产性。花期耐霜冻。由于早生凡极丰产,所以必须加强肥水管理,维持中庸偏旺树势,否则,挂果过多,树势变弱,果个偏小。通过修剪每亩产量控制在1000～1250千克以上,以保持单果重8.5～9.0克。

（五）岱 红

山东农业大学选育。平均单果重10.85克,最大可达14.2克。果实为圆心脏形,果型端正,整齐美观,畸形果很少。果柄短,平均果柄长2.24厘米。果皮鲜红至紫红色,富有光泽,色泽艳丽,果肉粉红色,近核处紫红色,果肉半硬,味甜适口。可溶性固形物14.8%。5月中、下旬成熟,比红灯早熟3～5天,抗裂果。树势强健,枝条粗壮,花芽多,成花率高,早产早丰,是极少见的早产、

早丰、大果形早熟品种。也是目前保护地栽培的首选品种之一。

（六）意大利早红

又称莫勒乌，原产法国。1984年由中国农业科学院郑州果树研究所引入。1990年烟台市芝罘通过中国科学院北京植物研究所从意大利引入，俗称意大利早红。该品种具有早熟、果大、色艳、质优等特点，是综合性状优良的早熟樱桃品种。1998年通过山东省农作物品种审定委员会审定并定名为莫利。

该品种表现为结果早，早熟，丰产，稳产。是樱桃品种中颇具发展前途的品种之一。果实肾形，单果重8～10克，最大12克。可溶性固形物12.5%，果皮浓红色，完全成熟时为紫红色，有光泽。果肉红色，细嫩、肥厚多

汁，风味酸甜，硬度适中，离核，品质上等。果柄中短，很少裂果。

该品种树势强健，幼树生长快，枝条粗壮，节间短，花芽大而饱满，一般定植3年就结果，5年可进入丰产期。多数新梢可发二次枝，树姿较开张。叶片大而长，呈三角状；叶片浓绿，有皱褶。抗旱、抗寒性强。丰产，进入盛果期较晚。花期中晚，以花束状果枝和短果枝结果为主，花量大，自花结实率低，可配适量的红灯、芝罘红、拉宾斯、先锋、萨米脱等品种作为授粉树。5月中、下旬成熟，成熟期较整齐。

（七）抉　择

从乌克兰引进的早熟品种。成熟期比红灯早3~5天，单果重与红灯相近，风味佳。成花容易，结果早，多雨年份裂果比红灯略轻，是一个较好的早熟品种。平均果

重 11 克，最大果重 15 克。果实近圆形，果皮紫红色，果肉紫黑色，质细多汁，味甜，5 月中旬成熟。

（八）黑兰特

果实宽心脏形，果顶较平，脐点较大，缝合线一面较凸，缝合线对面较光滑或稍有凹沟，果肩较高。果个较大，平均单果重 9.4 克，大者 11 克，果个均匀，果核性状同红灯。果皮鲜红至紫红色，果肉红色，味甜，果柄中长，柄长 3.4 厘米，

可食率 95.4%，可溶性固形物含量 18%。果实生长后期，果面出现凹凸不平。抗裂果，但遇大雨时，梗洼处个别有裂口现象，果顶基本不裂口。5 月下旬成熟，比红灯早熟 3～5 天，大棚栽培比红灯早熟 12 天左右。

树势强健，树姿半开张，1 年生枝红褐色，2 年生枝灰褐色，多年生枝灰白色，枝条节间长，叶片中大，叶长 11 厘米，叶宽 6.4 厘米，叶端锐尖，叶背有长、密的绒毛，叶柄长 3.1 厘米。结果早、丰产。丰产树应注意控制产量，并加强肥水管理，否则，负载量过大，树势偏弱，

果个变小。

（九）芝罘（fú）红

果实宽心脏形，平均单果重6克，大者9.5克；果梗长而粗，一般长5.6厘米，不易与果实分离；果皮鲜红色，有光泽；果肉较硬，浅粉红色，汁较多，浅红色，酸甜适口；含可溶性固形物16.2%，可食率91.4%，品质上等。果皮不易剥离，离核、核小。树势强健，萌芽率高。幼树进入盛果期后，以花束状果枝和短果枝结果为主，

各类果枝结果能力均强，结果枝占全树生长枝的78%，丰产性强。果实6月上旬成熟，比大紫晚3～5天，成熟期较整齐，一般采收2～3次即可。枝条粗壮，叶片大，叶缘锯齿稀而大，齿尖钝。

该品种果实早熟，外观甚美，品质好，耐贮运，丰产，适应性和抗病力强，是一个品质优良的红色早熟品种。

## 二、中熟品种

### （一）美　早

美国品种，大连农业科学研究所于1996年从美国引

进。是一个果大、质优、肉硬、耐贮运、早丰产的中熟优良品种。果实圆至短心脏形，果顶稍平；果实大型，平均单果重11.5克，最大18克，高产树平均果重9.1克，果个大小较整齐。果皮紫红色或暗红色，有光泽；果肉淡黄色，肉质硬脆，肥厚多汁，风味上等，可溶性固形物含量17.6%，高者达21%。核圆形，中大，果实可食率92.3%。果梗特别粗短，果实成熟果皮发紫时，果肉硬脆不变软，耐贮运是其突出特点。果面蜡质厚，无畸形果，雨后基本不裂果，但个别年份，个别果实顶部脐孔处有轻微的裂口，成熟期集中，1次即可采收完毕。6月上、中旬成熟，比先锋早熟7～9天。

树体强旺，萌芽力、成枝力均强，易成花，早产、早丰，自花结实率高，5～6年丰产。花期耐霜冻。适宜的授粉品种为萨米脱、先锋、拉宾斯等。定植3年结果，5年丰产，是一个有前途的中熟品种。

## （二）先　锋

加拿大品种，由加拿大哥伦比亚省夏地研究所育成。1983年中国农业科学院郑州果树研究所从美国引进，1984年引入山东省种植。果实中等偏大，平均单果重8.5克，大者12.5克。5年生树株产13千克时，平均单果重在9克以上。果实球形至肾脏形，果柄短，平均2.8厘米左右，果皮浓红色，光泽艳丽，厚而韧。果肉玫瑰红色，肉质脆硬，肥厚、汁多，酸甜适中可口，糖度高。可溶性固形物含量22%，高的达24%，品质佳，可食部分92.1%。耐贮运，冷风库贮藏15~20天，果皮厚而韧，很少裂果，果皮不褪色。6月上、中旬成熟，成熟期一致，可机械采收。

树势强健，枝条粗壮，结果早，丰产性较好。抗寒性强，裂果较轻。花粉量大，可作授粉树或主栽品种。异花

授粉，适宜授粉品种为斯坦勒、宾库、拉宾斯等。

（三）雷　尼

美国品种，是美国华盛顿州立大学农业实验站于1954年用宾库、先锋杂交选育出的黄色中熟品种。因当地有一座雷尼山，故命名为雷尼。现在为该州的第二主栽品种。1983年由中国农业科学院郑州果树研究所从美国引入我国，1984年后在山东试栽，表现良好。该品种花量大，也是很好的授粉品种。

果实大型，平均单果重8.0克，最大果重达12.0克；果实宽心脏形，果皮底色为黄色，富鲜红色红晕，在光照好的部位可全面红色，十分艳丽、美观；果肉白色，质地较硬，可溶性固形物含量达15%～17%，风味好，品质佳；离核，核小，可食率达93%。6月中旬成熟。

该品种树势强健，枝条粗壮，节间短；叶片大，色深绿；树冠紧凑，枝条直立；分枝力较弱，以短果枝及花束状枝结果为主。早期丰产，栽后3年结果，5～6年进入盛果期，5年生树株产能达20.0千克，丰产性能好。花粉多，自花不实，是优良的授粉品种。适宜授粉品种为宾库、先锋、拉宾斯。抗寒性强，较抗裂果，耐贮运。是一个生食与加工兼用的品种。

**（四）佐藤锦**

是日本山形县东根市的佐藤荣助用黄玉、那翁杂交选育而成，1928年中岛天香园命名为佐藤锦。几十年来，为日本最主要的栽培品种。1986年山东烟台、威海引进，表现丰产、品质好。

该品种是一个黄色、硬肉、中熟的优良品种。树势强健，树姿直立。果实中大，平均单果重6.0～7.0克，短

心脏形；果面黄色，上有鲜红色的红晕，光泽美丽；果肉白色，核小肉厚，可溶性固形物含量 18%，酸味少，甜酸适度，品质超过一般鲜食品种。果实耐贮运。果实成熟期在 6 月上旬，较那翁早 5 天。佐藤锦适应性强，在山丘地砾质壤土和沙壤土栽培，生长结果良好。

该品种总体表现良好，但果实大小为中等是其缺点。近几年来日本天童市大泉氏园从佐藤锦中选出芽变优良品系，单果重 7.0 ~ 9.0 克，若疏花、疏果后可达 13.0 克，称为选拔佐藤锦，是值得重视发展的一个优良品种。是一个黄色、硬肉，现有鲜食品种中品质最佳的优良中熟品种。

（五）胜　利

果实扁圆形，果个大，单果重 10 ~ 13 克，果柄中短，果皮紫红色，果肉、果汁暗红色，果肉较硬，果皮较厚，味酸甜，可溶性固形物含量 18% ~ 20%，耐贮运。

树体强旺，枝条粗壮，叶片大，有明显的短枝性状。一般 4 年结果，较丰产。6 月上、中旬成熟。自花不实，适宜授粉品种有早大果、先锋、雷尼等。

## 三、晚熟品种

### （一）滨 库

原产于美国。是 1875 年美国俄勒冈州从串珠樱桃的实生苗中选出来的，100 多年来成为美国和加拿大栽培最多的一个樱桃品种。1982 年山东外贸从加拿大引入山东省果树研究所。1983 年郑州果树研究所又从美国引入，目前在我国有一定的发展规模。

该品种树势强健，枝条直立，树冠大，树姿开张，花束状结果枝占多数。丰产，适应性强。叶片大，倒卵状椭圆形。果实较大，平均单果重 7.6 克，大果 11 克。果实宽心脏形，梗洼宽深，果顶平，近梗洼外缝合线侧有短深沟；果梗粗短，果皮浓红色至紫红色，外形美观，果皮厚而韧；果肉粉红，质地脆硬，汁较多，淡红色，离核，核小，甜酸适度，品质上等。成熟期在 6 月上、中旬，采前遇雨有裂果现象。适宜的授粉品种有大紫、先锋、红灯、

拉宾斯等。

该品种树势强健，树姿较开张，树冠大，枝条粗壮，叶片大，以花束状果枝和短果枝结果为主。适应性较强，丰产，耐贮运。

（二）萨米脱

又名"皇帝"。亲本为先锋和斯坦勒，由加拿大夏地农业研究所杂交育成的中晚熟品种。1984年由中国农业科学院郑州果树研究所引入。

果实长心脏形，果顶脐点较小，缝合线一面较平。果实极大，平均单果重11～12克，最大18克，幼树结果，单果重在13克以上，果实初熟时为鲜红色，完熟时为紫红色，果皮上有稀疏的小果点，色泽亮丽，果肉红色至粉红色，肥厚多汁，肉质较硬，风味浓厚，品质佳，可溶性固形物含量18.5%，离核，果实可食率93.7%。果柄短粗，不易落果，6月中、下旬成熟，熟期一致，较抗裂果，花期耐霜冻，果实批发价高于其他品种，发展前景极好。

树势强旺，树姿半开张，成花易，结果早，丰产，以花束状果枝和短果枝结果为主，腋花芽多，为中晚熟品种。异花结实，栽植时需配置授粉树，如先锋、拉宾斯、美早等。

（三）艳　阳

是加拿大夏地农业研究所于1965年用先锋和斯坦勒杂交育成的中晚熟高产品种，是拉宾斯的姊妹系。果实极大，均果重12克，大果18克。果实圆形，果梗细长。果皮鲜红色，光泽好。果肉味甜多汁，比先锋酸度低。果肉较硬，品质优，较耐贮运。6月上、中旬成熟。

该品种幼树生长旺盛，盛果期后树势逐渐衰弱。能自花结实，丰产性好。抗寒性和抗病性均强。该品种有一定的自花结实能力，最好的授粉品种是拉宾斯。该品种如能2次桥接于红灯砧木上，能从根本上改变该品种树势，从而使该品种盛果期树势不早衰，丰产稳产。

（四）拉宾斯

加拿大品种。是由加拿大夏陆农业研究所于1965年用先锋和斯坦勒杂交选育而成，与萨米脱是姊妹系。目前在世界范围内栽培量较多。本品种为自花结实的晚熟品种，是加拿大重点推广品种之一。1988年引入山东栽培。

果实大，单果重8克，大果12克。果形近圆形或卵圆形，果梗中长、粗度中等，成熟时果皮紫红色，有诱人的光泽，果皮厚而韧，果肉浅红色，肥厚，果肉较硬，

汁多，风味佳，品质上等。含可溶性固形物 16.5%。6 月中、下旬成熟。成熟时果柄不易脱离，可适当晚采，果柄脱水较迟，不易萎蔫。

该品种树势健壮，树姿较直立，侧枝发育良好，树体具有良好的结实结构。较耐寒，自花结实，花粉量大，可向同花期的任何品种授粉，是一个广泛的花粉授体品种。早实性和丰产性很突出，且连年高产，抗裂果，无病毒病。

（五）斯坦勒

是加拿大夏地研究所育成的第一个樱桃自花结实品种。1987 年山东省果树研究所从澳大利亚引进。

果实较大，均果重 7.1 克，大果 9.2 克以上。果实心脏形，果梗细长。紫红色，光泽艳丽。果肉淡红色，致密而硬，汁多，酸甜爽口，风味佳，可溶性固形物含量

16.8%，可食率91%。果皮厚而韧，耐贮运。6月中、下旬成熟。

该品种树势强健，枝条节间短，树冠属紧凑型，能自花授粉结实，花粉量大，也是良好的授粉品种。较抗裂果，早果性、丰产性十分突出。抗寒性稍差，可以作为晚熟品种适度发展。

## （六）那　翁

又名黄樱桃、黄洋樱桃、大脆，为欧洲原产的一个古老品种。1880年前后由韩国仁川引入我国，一般分布在山东烟台、辽宁大连、陕西西安、河南郑州等地。全国各地早期引种也以那翁为主。

那翁是一个黄色、硬肉、中熟的优良品种。树势强健，树冠大，枝条生长较直立，结果后长势中庸，树冠半开张。萌芽率高，成枝力中等，枝条节间短，花束状结果枝多，可连续结果20年左右。叶形大，椭圆形至卵圆形，叶面较粗糙。

每个花芽开花 1 ~ 5 朵，平均 2.8 朵，花梗长短不一。果实较大，平均重 6.5 克左右，大者 8.0 克以上；正心脏形或长心形，整齐；果顶尖圆或近圆，缝合线不明显；果梗长，不易与果实分离；果实乳黄色，阳面带红晕；果肉浅米黄色，致密多汁，肉质脆硬，味甜稍酸，品质上等；含可溶性固形物 13% ~ 16%，可食部分占 91.6%；果核中大、离核。一般成熟期 5 月下旬，耐贮运。果实生食与加工兼用。

那翁自花授粉结实力低，栽培上需配植大紫、红灯、红蜜等授粉品种。那翁适应性强，在山地、丘陵地、砾质壤土和沙壤土栽培，生长结果良好。那翁花期耐寒性弱，果实成熟期遇雨较易裂果，降低品质。

（七）佳 红

果实个大，平均单果重 9.67 克，最大果重 11.7 克。果形宽心脏形，整齐，果顶圆平。果皮浅黄，质较脆，肥厚多汁，风味酸甜适口，品质上乘。可食率为 94.58%。可溶性固形物含量 19.75%，总糖 13.75%，总酸 0.67%。核小、卵圆形，黏核。在云南省 4 月中旬初花，4 月下旬

盛花，6月21日果实成熟。

树势强健，生长旺盛，枝条粗壮，萌芽力强，坐果率高，对栽培条件要求略高。幼树期间生长直立，盛果期后树冠逐渐开张。多年生枝干紫褐色，一、二年生枝棕褐色，枝条横生并下垂生长，一般定植后3年结果。叶片大，宽椭圆形，基部呈圆形，先端渐尖。叶片较厚，叶片平展，深绿色，有光泽，在枝条上呈下垂状生长。花芽较大而饱满，数量多密度大，早期产量高。适宜授粉品种为巨红和红灯，授粉树的比例应在20%以上。6年生树每亩产量为509.4千克。

### （八）斯帕克里

果实大，平均单果重10.4克，最大16克。果实圆形至阔心脏形，果皮鲜红至紫红色，具光泽，非常美观。果肉红色至紫红色，肉质硬、脆，味甜，品质上等，可溶性固形物含量17.8%。缝合线凹陷，果柄短，高抗裂果。6月中、下旬成熟，熟期一致，一次即可采收完毕。耐贮运。

树体健壮，长势中庸，枝条萌芽率高，成枝力中等。幼树极易成花，一年生枝条甩放后，极易形成一串叶丛状果枝，树体结果早，丰产来得快，而且能连年丰产，早结果、极丰产是其突出优点之一。适合密植栽培，可采用 2 米 × 4 米或 2.5 米 × 4 米株行距，为维持理想果个数，需控制产量，并加大肥水管理。

### （九）红手球

果实为短心脏形至扁圆形，果个大，平均单果重 10 克，果皮底色为黄色，表皮鲜红色至浓红色。果肉较硬，最初为乳白色，随着成熟度的提高，在核周围有红色素，果肉呈乳黄色。味甜不酸，可溶性固形物含量 19%，高者

达 24%。6 月下旬成熟，熟期较一致。

树体强健，树姿较开张，具有良好的早果性及丰产性。其适宜的授粉品种为南阳、佐藤锦、那翁、红秀峰等。

### （十）友 谊

果实心脏形，缝合线较深，果个较大，单果重 8 ~ 12

克，果柄粗长，果皮红色至紫红色，果汁鲜红色，果肉较硬，味酸甜，可溶性固形物含量 16% ～ 19%。

树体较弱，叶色浅绿，幼叶黄绿，早果、丰产。6 月下旬成熟，个别年份有裂果现象。适宜授粉品种有胜利、雷尼、先锋等。

# 第四篇　苗木繁育

## 一、常用砧木

樱桃的砧木种类较多，目前，我国应用较多的砧木主要有以下几种。

### （一）草樱桃

#### 1.大叶草樱桃

草樱桃有大叶和小叶两种类型。大叶型草樱桃叶片大而厚，叶色浓绿，分枝少，枝粗壮，节间长，根系分布深，毛根较少，粗根多，嫁接樱桃后，固地性好，长势强，不易倒伏，抗逆性较强，寿命长，是樱桃的优良砧木。而小叶型草樱桃叶片小而薄，分枝多，枝细软，节间短，根系浅，毛根多，粗根少，嫁接樱桃后，固地性差，长势弱，易倒伏，抗逆性差，寿命短，不宜采用。

#### 2.大青叶

由大叶草樱桃中选出。根系发达，砧木的侧生主根生长力很强，固地性好，抗风力强，嫁接亲和力强，嫁接愈合好，嫁接苗生长好。一般用压条、扦插繁殖。

### （二）考 特

考特的分蘖和生根能力很强，容易通过扦插、水平压干和组织培养繁殖

苗木。其砧苗须根发达，与樱桃嫁接亲和力高，嫁接苗生长旺盛，干性强，分枝角度大，结果早，较耐涝，抗风力强。嫁接其上的樱桃树冠矮化。从定植到4~5年生时，树冠大小与普通砧木无明显差别，以后随树龄的增长，表现出明显的矮化效应，形成紧凑的树体结构。花芽分化早，早期丰产，果实品质好。与樱桃品种先锋和斯坦勒嫁接亲和性好。

### （三）山樱桃

主要用种子繁殖，也可扦插繁殖。适应性强，抗旱抗寒。主侧根皆较发达，嫁接樱桃亲和力强，山东烟台牟平从大连引入山樱桃嫁接的樱桃苗木试栽，固地性好，生长健旺，结果良好。缺点是易感染根癌病。

## （四）吉色拉5号

根系发达，适于黏重土壤或其他多种土壤类型，与50多个品种嫁接都得到理想结果。挂果非常早，2～3年生开始结果，通常4～7年，生挂果5～15千克/株，耐PDV和PNRSV病毒，中等耐水渍，抗寒性优于马扎德和考特，但不如其他的Gisela品系，是德国种植最多、最有名的Gisela砧木。但在很贫瘠的土壤和自然降水少及不良栽培条件下，枝条生长量少，果变少，可能出现早衰。

## （五）毛把酸

是欧洲酸樱桃的一个品种，1871年由美国引到我国烟台，在山东福山、邹县发展，另外新疆南部也有栽培。为灌木或小乔木，树冠矮小，树势强，叶片小。平均单果重2.9克，扁圆形，果顶平，微下凹，果实红紫色，果梗粗短，易与果实脱离，果实皮厚，易剥离，肉质柔软，味酸，有一定的经济价值。

毛把酸种子发芽率高，根系发达，固地性强，实生苗主根粗，细根少，须根少而短，与大樱桃亲和力强。嫁接树生长健旺，树冠高大，属乔化砧木，丰产，长寿，不易

倒伏，耐寒力强。但在黏性土壤上生长不良，并且容易感染根癌病。

## 二、砧木苗的培育

### （一）实生砧木繁育

#### 1.种子的采集

选择健壮树为采种母树，要求种子充分成熟，纯度和净度均在95%以上。

#### 2.种子的贮藏与层积

对采集的种子选择背阴、不积水处挖沟沙藏。沟深50厘米，宽不超过80厘米；种子与湿沙按照1：3～5的比例混匀，沙子的适宜含水量为40%～55%。沟底部铺设10厘米厚的细沙，上部覆盖10厘米的细沙，上部盖瓦片防雨水流入。

3.播种

分为秋播和春播。秋播在 12 月前进行；春播在立春后，50% 以上的种子破壳露白时尽早播种，如需要可进行室内催芽。

播种前施足底肥，整地做畦，畦宽100 ~ 120厘米，畦内开沟并适量灌水，待水下渗后播种。行距 30 ~ 40 厘米，每畦播种 3 ~ 4 行，播种深度 2 ~ 3 厘米，播后耙平。

4.苗期管理

幼苗长出 4 ~ 5 片真叶时，按株距 15 ~ 20 厘米进行间苗、补苗。生长季节加强中耕除草、肥水管理和病虫防治。

（二）扦插砧木繁育

1.嫩枝扦插

（1）从 5 月上旬至 9 月上旬，利用半木质化新梢进行扦插。事先建好拱棚、配备必要的喷水设施、扦插的基质、容器（穴盘）等。

（2）扦插一般在早晨或阴天进行：剪取健壮无病虫

害的新梢，剪成长 15 ～ 20 厘米、留上部 4 ～ 6 片正常叶的插穗，上端剪成平面，下端剪成马耳形。剪取的插穗要注意保湿，并避免强光照射。

（3）将剪好的插穗用生根剂处理，然后插入穴盘。

（4）扦插完成后采用自动喷雾设施进行加湿：前期棚内气温、空气相对湿度分别控制在 28 ～ 35 ℃和 95% ～ 100%，生根后分别控制在 20 ～ 30 ℃和 60% ～ 80%。育苗期内基质含水量控制在 17% ～ 21%范围内，每星期进行 1 次杀菌处理，光照强度控制在 6000 ～ 60000 勒克斯范围内。

（5）当根系数量达到 6 ～ 8 条时进行炼苗，炼苗后，在傍晚或阴天进行移栽。移栽时将幼苗从穴盘中带土坨取出，按株距 20 厘米、行距 30 厘米移栽到事先耙平的畦里，每畦 3 行。扶正、踩实、浇透水，上搭遮阳网。及时喷水、保湿，20 天以后撤去遮阳网，注意适时喷施甲基托布津或代森锰锌等保护性杀菌剂，同时喷施叶面肥，及时中耕除草。

**2.硬枝扦插**

（1）春季，用一年生成熟的枝条进行扦插：插条采自健壮母株、树冠外围粗度在 0.8 厘米左右的枝条；采集时间在秋季落叶以后或者春季发芽以前，秋季采集的插条须用湿沙沙藏。扦插前将插条剪成长度 10 ～ 15 厘米的枝段，基部斜剪，顶部平剪，剪好的插条基部用生根剂处理。

（2）每年立春后，将苗圃地整成畦面宽 1 米、畦埂宽 50 厘米的平畦，覆黑色地膜于畦面。取剪好的插穗按行距 30 厘米左右、株距 20 厘米左右垂直插入土中，地膜上留一芽。扦插完成后顺畦面浇 1 次透水，上面搭建 60 ～ 70 厘米高的小拱棚；根据墒情及时浇水，根据温度及时撤棚。入夏以后，追施 1 ～ 2 次尿素，每亩追施 10 ～ 15 千克，做好病虫害防治。

### （三）压条砧木繁育

#### 1.母株栽植

春季立春后栽植。选择根系完整、芽眼饱满的砧苗，剪留长度 60 厘米左右。按行距 60 ～ 70 厘米的单行或宽行 100 ～ 120 厘米、窄行 30 ～ 40 厘米的双行开沟，沟深 15 厘米左右。沿行向使植株与地面呈 30° 栽植于沟内，株距以苗木压倒后能头尾相接为宜，双行定植时注意使两行相邻植株呈三角形排列，栽后浇水。每亩栽 2000 株左右。

#### 2.压条与埋土

当顶部新梢长至 10 厘米左右时，将母株压成水平状态，固定于浅沟中；同时抹除过密的新梢，使梢间距保持在 5 厘米左右，苗茎上覆盖 1 层约 2 厘米厚的薄土，然后于覆土上撒施尿素 15 ～ 20 千克 / 亩，施后浇水；当后发新梢长至 30 厘米左右进行第 2 次覆土，覆土厚度 15 厘米左右；地上部新梢长度达到 30 厘米左右时，再次覆土，覆土厚度 15 厘米左右。

#### 3.苗期管理

根据墒情，及时浇水，锄地保墒，从 6 月中、下旬开

始，每隔 15 ～ 20 天喷 1 次代森锰锌或其他保护性杀菌剂保护叶片，全年喷药 4 ～ 5 次；可结合喷药用 0.3% 左右的尿素液等进行叶面补肥。

### （四）组培砧木繁育

#### 1.外植体消毒与接种

取田间当年新梢或一年生枝条，去叶，用自来水将表面刷洗干净，剪成一芽一段，放入干净烧杯，进入超净工作台消毒，常用消毒剂为 70% 乙醇，0.1% 新洁尔灭，0.1% 升汞（HgCl），三者可配合使用。先用 70% 乙醇浸泡 2 ～ 4 秒，再放到 0.1% 新洁尔灭中 15 分钟，再用 0.1% 升汞消毒 5 ～ 10 分钟，其间用无菌水冲洗 2 ～ 3 遍，然后剥去叶柄、鳞片，取出带数个叶原基的茎尖接入培养基，半包埋。樱桃培养基多采用 MS 培养基，并加细胞分裂素（BA）0.1 ～ 1.0 毫克 / 升 +IBA0.3 ～ 0.5 毫克 / 升，蔗糖 30 克 / 升。

## 2.初代培养和继代培养

茎尖接种后放到培养条件为光照 3000 勒克斯 8 ~ 10 小时、暗 14 ~ 16 小时、温度 26℃ ± 2℃ 的环境中，经大约 2 个月的初代培养，每个生长点可长到 2 ~ 3 厘米长，并已形成多个芽丛，这时便可进行继代培养，将每个芽丛切割下来，转接到培养基上进行增殖培养。其后，大约每 25 天进行一次继代培养，每次芽的增殖数为 4 ~ 6 倍。

## 3.生根培养

上述增殖培养的芽长到 3 厘米左右时，即可用于生根。生根培养基多采用 1/2MS 培养基 + 吲哚丁酸（IBA）0.1 ~ 0.5 毫克/升。有的种或品种需加生物素或生长素（IAA）或萘乙酸（NAA）等，蔗糖 20 毫克/升。接种在生根培养基上培养 20 天左右，芽的基部即可长出根，成为完整苗。生根苗长到 3 ~ 5 厘米高时即可炼苗移栽。

## 4.移栽

组培苗在人工培养条件下长期生长，对自然环境的适应性较弱。移栽前需要一个过渡阶段，即炼苗。将培养瓶移至自然光下锻炼 2 ~ 3 天，打开瓶口再锻炼 2 ~ 3 天后，取出生根的砧木苗，先洗净根系上的培养基（避免培养基感染杂菌致苗死亡），再移入基质营养钵或穴盘中，将移栽后的砧木苗放在有塑料膜覆盖的温室或大棚中，保持适宜的湿度和温度。温度保持在 20 ~ 28℃，湿度保持在 80% ~ 90%，光照强度为 3500 ~ 4000 勒克斯。锻炼 1 个月左右，5 月下旬至 6 月上、中旬即可移入田间。

## 三、苗木嫁接与管理

### （一）采 穗

接穗从采穗圃中采集；秋季嫁接采集芽体饱满的当年生发育枝，春季嫁接采集芽体饱满的一年生枝；接穗粗度与砧木苗粗度相匹配。

### （二）嫁接时间

在云南，除冬季外，其他季节均可嫁接。

### （三）嫁接方法

1.带木质部芽接

在砧木距地面 10 厘米左右削成长 2 ~ 3 厘米、深 0.2 厘米左右的长椭圆形削面；切削接芽时，在接芽以下 1.5

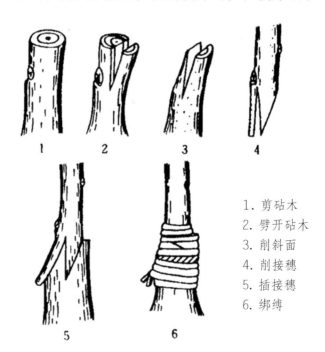

1. 剪砧木
2. 劈开砧木
3. 削斜面
4. 削接穗
5. 插接穗
6. 绑缚

厘米处下刀，削成长 2 ~ 3 厘米的长椭圆形芽片，然后将芽片紧紧贴在砧木的削面上，用塑料薄膜带包严绑紧。

## 2.枝　接

多在春季进行。在适宜嫁接的部位将砧木平剪，然后用切接刀在砧木横切面的 1/3 处垂直切入，深度应稍小于接穗的大削面，再把接穗剪成有 2 ~ 3 个饱满芽的小段，将接穗下部，与顶芽同侧的一面削成长 3 厘米左右的大斜面，另一面削成长约 1 厘米左右的小削面，迅速将接穗按大斜面向里、小斜面向外的方向插入切口，使砧穗形成层贴紧，然后用塑料布条绑好。

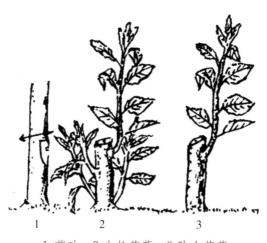

1.剪砧　2.生长萌蘖　3.除去萌蘖

### （四）接后管理

#### 1.剪　砧

嫁接后两个星期，在接芽上方 3 厘米左右剪断砧苗茎干。剪砧时，在接芽对面斜上部位留一个砧木芽眼，对该砧芽萌发的新梢，及时多次摘心控制。

#### 2.除萌绑缚

嫁接后的芽接苗，砧芽先萌发，接芽后萌发。因此，

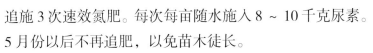

在砧芽萌发时，要及时抹除砧木上的萌芽，以促使接芽萌发生长。此后，还要连续除萌 3 ~ 4 次。接芽萌发后，选择保留 1 个健旺新梢。当新梢长 10 厘米时，在苗木近旁插一支柱。用麻绳或塑料薄膜带将新梢绑缚固定在支柱上，以防大风折断新梢。此后，随着新梢生长，每隔 20 厘米绑缚一道。

**3.肥水管理**

苗萌芽后每隔 20 天连续追施 3 次速效氮肥。每次每亩随水施入 8 ~ 10 千克尿素。5 月份以后不再追肥，以免苗木徒长。

**4.病虫害防治**

嫁接苗萌发后，严防小灰象甲，可人工捕捉，也可用 80% 晶体敌百虫 600 倍液与萝卜或地瓜拌成毒饵诱杀。5 月下旬、6 月下旬和 7 月下旬，各喷布 1 次 80% 乙蒜素乳油 1000 ~ 2000 倍液，与 40% 毒死蜱乳油 1000 ~ 1200 倍液，防治叶片穿孔病和卷叶蛾、刺蛾等害虫。

## 四、苗木出圃与分级

### （一）出　圃

正常落叶后或翌春萌芽前出圃。

（二）分　级

先剔除病苗和未嫁接成活苗，然后根据苗木高度、粗度以及根系发育状况进行分级。

（三）包　装

将同级苗木每 10 ～ 50 株扎成一捆，根部用塑料膜包裹，内填湿润的锯末等保湿材料，同时在每捆苗木上系好标牌，注明品种、规格和数量等。

# 第五篇　建园定植

## 一、园地选择及规划

### （一）园址选择

**1.地势**

选择地势高、不易积水、地下水位较低的地块，一般雨季地下水位不得超过 80 ~ 100 厘米。平原地，最好在村庄的南面，或北端有防护林；山丘地，选择背风向阳的浅谷地。这两种地块，既能防止风害，又使樱桃在春季得到充足光照和较多的热量，能使果实早熟、整齐、着色好、品质佳。

**2.排灌条件**

樱桃叶片大而薄，水分蒸腾量大，不耐旱，必须有灌溉设施以保证适宜的土壤湿度。因此园地周围要有水源，旱时能及时灌水。同时，樱桃不耐涝，因此，雨季能较好地排水防涝。

**3.土壤条件**

要求中性至微酸性；活土层深厚，至少在 100 厘米

以上；土壤类型为沙壤土或壤土，土壤有机质含量1%以上；对于重度盐碱、土下有不可改良的黏板层、淤泥层、横板岩等地块尽量不选择；忌重茬，尤其是种植过桃树的地块，桃树根系含扁桃苷，残根腐烂时，水解产生氢氰酸和苯甲酸等，会抑制根系呼吸作用，会杀死樱桃的幼生根。

### 4.花期温度

花期低温霜冻（倒春寒）是造成樱桃产量低而不稳的主要原因之一，除低温外，在云南花期干热风同样会造成樱桃落花落果。所以山地建园应选择在背风向阳的山坡中、下部为宜，这样的地方受寒流、干热风影响小，加之空气流通，春季升温较慢，花期还可适当推迟。由于背风向阳，霜冻过后只要晴天，温度回升较快，有利于传粉昆虫活动和授粉。

（二）园地规划

1.园区划分

小区是果园经营管理的最基本单位，应根据地形、地势、土壤条件、果园规模等将果园划分为不同或相同面积的作业小区。平原地建园，小区面积应大一些，一般100亩左右，小区一般为长方形，南北向延伸，以利果园获得较均匀的光照。山丘地果园面积应小一些，根据地形水平设置，长边与等高线平行，以利于保持水土。园区的划分主要遵循以下原则：同一小区内的土壤条件基本一致，以保证同一小区内管理技术内容和措施的一致，利于提高生产效率；有利于果园运输和机械化作业；有利于进行水土保持工程和排灌系统工程的规划与施工；有利于喷药、施肥等果园管理的进行。

2.防风林

科学、合理、完善的防风林可改变果园小气候，减轻自然灾害。林带的有效距离约等于树高的25～30倍，林带分主林带和副林带两种，两条主林带相距50米左右，中间为一条副林带。林带应与主要风害的方向垂直，在我国北方，一般在果园的西北面设置防风林带，在南方可根据各种植区的地形、海拔、风向等设置防风林。樱桃防风林尽可能选择适应性强的乡土树种，生长迅速，枝叶繁茂，与樱桃无共同病虫害且不是樱桃病虫害的中间寄主的树种。

### 3.排灌系统

雨季高温时，树盘积水 12 小时以上就能引起樱桃树死亡，因此樱桃园的排水系统必须完备，并随时维护，确保畅通。果园的排水系统分为明渠排水和暗渠排水，明渠多沿园区边界设置，山丘地果园应设蓄水设施，排水沟应在梯田内侧。集约化经营的果园必须采用滴灌、渗灌等现代化灌溉方式，不仅可大幅度节水，还可以为樱桃创造一个适宜的土壤环境，保证树体良好的生长发育。在山岭地或经济条件较落后的地区，可采用沟灌或树盘灌水的方法。灌水系统包括干渠、支渠和输水沟。干渠应设在果园高处，支渠多沿小区边界设置，再沿输水沟将水引入树盘内。山丘地果园的灌水系统应从坡上按等高线修筑。

### 4.施肥与喷药体系

集约化栽培的樱桃园宜采取网管施肥与喷药，主要包括水池、动力、管道、接口等。水池主要用于配制肥水和药液，肥水或药液由动力泵通过塑料管道输送到小区。根据小区的实际情况和泵压力确定外接口的数量和位置，一般两个接口的间距不超过 100 米。若仅作施肥用，则直接将滴管、渗管与肥管连接，可与给水系统合二为一；若用于打药，则接口处应采用可与喷药软管连接的阀门。

5.道路

园内道路的多少取决于果园规模和小区的数量，一般由主路、干路和支路组成。主路要求位置适中，贯穿全园，宽 6～7 米，小区之间设支路，一般宽 2～4 米，面积较大的果园在主路和支路之间应设主干路，便于小型汽车和农机具通过。道路设置应与防风林、水渠等相结合，尽量少占

果园，一般占果园面积的 3%～5% 为宜。山地果园的道路建设应随地形而异，一般主路可环山而上，呈"之"字形。

## 二、品种选择和配置

当前，我国生产中栽培的樱桃品种，只有拉宾斯、斯坦勒等少数品种有自花结实能力，其他绝大多数均为自花

不实或结实力很低的品种，需要配置授粉品种。即使是自花结实品种配置授粉树也能提高结实率，现将几个主栽品种的适宜授粉品种列入表1，供参考。

表1 樱桃适宜的授粉树

| 主栽品种 | 适宜授粉树 |
|---|---|
| 那翁 | 大紫、水晶、巨红、滨库、雷尼 |
| 大紫 | 水晶、那翁、滨库、芝罘红、红丰、巨红、黄玉、红灯 |
| 滨库 | 大紫、养老、水晶、巨红、红灯、斯坦勒、雷尼、先锋 |
| 雷尼 | 那翁、滨库、巨红、红蜜 |
| 佳红 | 巨红、先锋、雷尼 |
| 美早 | 先锋、红灯、红艳、拉宾斯、沙蜜脱 |
| 红灯 | 红蜜、宾库、大紫、佳红、巨红、红艳 |
| 红艳 | 红灯、红蜜、巨红 |
| 沙蜜脱 | 大紫、友谊、宇宙、奇好、佐藤锦、南阳 |
| 早红宝石 | 乌梅极早、那翁、早大果、红灯 |
| 抉择 | 早大果、早红宝石、红灯、那翁、先锋 |
| 早大果 | 早红宝石、抉择、胜利、先锋 |
| 胜利 | 早大果、雷尼、先锋、那翁、红灯 |
| 友谊 | 胜利、早大果、雷尼、先锋、红灯 |
| 宇宙 | 友谊、奇好、沙蜜脱、胜利、那翁、先锋 |
| 奇好 | 宇宙、友谊、沙蜜脱、先锋 |
| 芝罘红 | 水晶、大紫、那翁、滨库、红灯、红丰 |
| 先锋 | 滨库、雷尼尔、早大果、胜利、友谊、宇宙 |

　　授粉树的配置数量：生产实践表明，在一片樱桃园中，授粉品种最低不能少于30%，如3个主栽品种混栽，各为1/3为宜。面积较小时，授粉树要占40%～50%，

才能满足授粉的需要。平地果园，主栽品种和授粉品种分别按行栽植；丘陵、梯田果园，采用阶段式栽植，即在行内隔一定株栽一株授粉品种。

## 三、定植

### （一）定植时间

在云南，营养袋苗（简称袋苗）一年四季都可定植，裸根苗一般在秋冬季苗木落叶后进行定植。通过实践证明，春季定植成活率高，苗木生长快速，只是这段时间在云南是旱季，需要多浇水。

栽植方式，栽植前土壤改良和栽植方法的具体要求与其他果树基本相同，只是樱桃怕涝，萌发新根又要求土壤有较高的含氧量。因此，定植当年春季用塑料薄膜覆盖树盘或定植沟，在6、7月雨季来临之前要及时去除塑料薄膜，以免沤根死苗。

（二）定植前土壤改良

樱桃栽植前，应施足基肥，每亩施土杂肥 5000 千克。撒施后，用深耕犁全面深耕，深度达到 50 ~ 60 厘米以上。如果园地较小或不便利用机械作业的坡地，也可采取挖定植穴和定植沟的方法。定植穴的大小为直径 100 厘米，深度 60 厘米。定植沟的宽度为 150 厘米，深度 60 ~ 70 厘米。

开穴栽树的做法应该提倡，但要解决死穴与暗涝问题，若松土层较浅，一般深 20 ~ 30 厘米的地块，在挖穴时，必须在穴与穴之间挖相连接的纵横向沟，以解决死穴问题，防止局部涝害。一般沟的深度应比穴的底部深 10 ~ 15 厘米，然后回填。回填时，沟的底部可放一些作物秸秆，也可结合施一些有机肥，下部应用地表熟土或用结构松散的砂土回填，以提高透水性。

对梯田樱桃园，应挖好堰下沟和贮水坑，以切断渗透水，防止内涝。堰下沟的深度以地堰的高度来定，地堰低可挖浅一些，地堰高应挖深一些，一般应挖宽 60 厘米，深 50 ~ 60 厘米为宜。

（三）苗木的选择与处理

定植以前要核对品种，并将苗木按大小严格分级，同种规格的苗木栽植在一起，以保证园相的整齐一致，将不符合生产要求的苗木剔除。合格的苗木标准应该是根系完整，须根发达，有 6 条以上粗度在 5 毫米左右，长度约 20 厘米的大根，不劈不裂不失水，无病虫害，枝条粗壮，节间较短而均匀，芽眼饱满，皮色光亮，具本品种的典型色泽，无破皮掉芽现象，苗木高度在 1.2 米以上。

定植以前，将经过越冬假植的苗木或者从外地购进的苗木根系放在水中浸泡 12 小时以上可显著提高定植的成活率，如果有条件可将苗木根系放在由腐熟的鸡粪配成的肥浆中浸泡则效果更好。

浸泡以后，将大根进行修剪，剪去劈裂、损伤部分，病虫危害或腐烂的根要剪至新鲜白茬处，无损伤的根仅剪去先端毛茬即可。经过修剪的根系伤口平滑，组织新鲜而有活力，愈合快，发根力强，有利于促进苗木成活和缩短缓苗期。

（四）栽植密度

我国以往的一些樱桃园，栽植密度一般都比较小，株行距多为 4 米 ×5 米和 5 米 ×6 米，个别还有 6 米 ×7

米，每亩栽 16 ~ 33 株。为了合理利用土地，充分利用光能，提高早期产量和增强植株群体抗风能力，新建樱桃园的栽植密度加大。大面积生产园采用 3 ~ 4 米 × 4 ~ 5 米，每亩 33 ~ 55 株；小面积丰产园可采用 2.5 ~ 3 米 × 3.5 ~ 4 米，每亩 55 ~ 76 株。若利用矮化砧木或紧凑型品种，如短枝斯坦勒等，密度还可适当加大。

（五）栽植方法

全面深翻的园地，不须再挖大的定植穴，可根据苗木根系的大小挖坑栽植。挖定植穴和定植沟的园地，要在栽植前，先将部分底土、表土、土杂肥混合均匀，回填至坑内，灌水踏实。苗木栽植时，使根系自然舒展，填土过程中，要将苗木略上提，使根系舒展，然后踏实。苗木栽植的深度一般不要超过嫁接部位。苗木栽植后随即浇水，水渗入后，用土封穴，并在苗木周围培成高15厘米左右的土堆，以利于保蓄土壤水分，防止苗木被风吹歪。苗木发芽后，要视天气情况，及时灌水和排水，以利成活，促其生长。

# 第六篇　土肥水管理

一、土壤管理

樱桃园的土壤管理，主要包括深翻扩穴、中耕松土、果园间作以及地面覆盖等内容。土壤管理的具体技术和方法，要根据樱桃园的地形、土壤、栽植密度和树龄等，因地、因树制宜地进行。

（一）深翻扩穴

深翻扩穴的目的，一是加深土层，使樱桃根系向更深层土壤伸展，从而能更好地固定树体，长势茂盛、优质丰产；二是增加土壤透水性，促进樱桃生长发育。樱桃园的土壤深刨，要从幼树期开始，坚持年年进行。

深翻扩穴，一般在 9 月下旬至 10 月中旬结合秋施基肥进行。选择此时深翻的原因，一是由于气温较高，土壤深翻后有利于有机肥的分解吸收；二是断根后根组织容易愈合，对新根形成有利。这主要是因为这个季节根系处于

生长活动期，发根快且数量多。

丘陵山地果园可采用半圆扩穴法。即在距树干 1.5 米处开挖环形 50 厘米左右深的沟，然后将土与玉米、小麦等作物秸秆和腐熟的厩肥、堆肥等有机肥料混合后分层回填沟内，并随填踏实，填平后立即浇水，使回填土沉实。这样不但达到了扩穴的目的，而且还增加了土壤中的有机质含量，既改良了土壤，又培肥了地力，促进了根系的生长发育。一株树分两年完成扩穴，以防伤根太多影响树势。

对地势平坦的平原或沙滩地果园，采用"井"字沟法深翻或深耕，分两年完成。深翻，即在距树干 1 米处挖深 50 厘米，宽 50 厘米的沟，隔行进行，第二年再挖另一侧。深耕，可先在行间撒上粉碎的秸秆、厩肥等再深翻压入土中。

樱桃根系较浅，尤其是在丘陵山地栽植的以草樱桃做砧木的樱桃树，根系主要分布在 20～30 厘米深的土层中。不抗旱、不抗涝，遇风易倒伏。深翻土壤要达到 20 厘米左右，这样不但要使粪、土均匀混合，充分发挥肥效，而且也保证了根系的从容扩展。树冠内根系浅而粗，所以刨地深度宜浅不宜深，以免损伤大根，影响营养的吸收，削弱树势。土壤深翻后，要把地面整平，为了避免雨水积涝，树盘内土面要稍高一些，这样有利于雨水排出树盘，保护根系。

（二）中耕松土

樱桃对土壤水分敏感，根系要求有较好的土壤透气条件。因此，中耕松土也是樱桃园土壤管理中一项不可忽视的工作。

樱桃园的中耕松土，一般是在灌水或雨后进行。特别在进入雨季之后，樱桃的白色吸收根往往向土壤表层生长。种植樱桃的果农，把这种习性叫作"雨季泛根"。降雨多时，土壤氧气含量下降，杂草易滋生蔓延。因此，进入雨季后，更要勤锄松土。一则，可以切断土壤毛细管，保蓄土壤水分；二则，可以灭除杂草，改善土壤通气状况。

中耕松土的深度，以 5 ~ 10 厘米为宜。中耕松土的次数，则要视降雨、灌水以及杂草的生长情况确定，以没有杂草为度。中耕时，也要注意适当加高树盘土壤，以防积水。

## （三）地面覆盖

樱桃园的地面覆盖，主要有覆草和覆膜两种方法。

### 1.树盘覆草

树盘覆草能使表层土壤温度相对稳定，保持土壤湿度，提高有机质含量，增加团粒结构，在山丘地缺肥少水的果园内覆草尤为重要。覆草还可促进根系生长，特别有利于表层细根的生长，促进树体健壮生长，有利于花芽分化，提高坐果率，增加产量，改善品质。在樱桃园覆草后，花朵坐果率比不覆草的提高24.1%～27.2%，平均单果重比对照高18.4%，且覆草时间一般以夏季为最好，因此时正值雨季、温度又高，草易腐烂，不易被风吹走。在干旱高温年份，此时覆草可降低高温对表层根的伤害，起到保根的作用。

覆草的种类有麦秸、豆秸、玉米秸、稻草等多种秸秆。数量一般为每亩2000～2500千克麦秸，若草源不足，应主要覆盖树盘，覆草厚度为15～20厘米。覆盖前，要把草切成5厘米左右，撒上尿素或鲜尿堆成垛进行初步腐熟后再覆盖效果更好。覆草时，先浅翻树盘。覆草后用土压住四周，以防被风吹散。刚覆草的果园要注意防火。每次打药时，可先在草上喷洒一遍，集中消灭潜伏于草中的害虫。覆草后若发现叶色变淡，要及时喷一遍0.4%～0.5%的尿素。

樱桃园进行覆草，以丘陵山地果园为宜，可有效地防止土壤和养分流失。土质黏重的平地果园及涝洼地不提倡覆草，因其覆草后雨季容易积水，引起涝害。另外，覆草

的果园，花期提前 1 ~ 2 天，对预防晚霜袭击不利。

2. 地膜覆盖

樱桃园覆盖塑料薄膜时，宜选用厚度为 0.07 毫米的聚乙烯薄膜。覆膜前，先整好树盘，灌水后，将聚乙烯薄膜覆盖在整好的树盘土面上，四周用土压实。覆膜后，不再灌水和中耕除草。1 年后薄膜老化破裂时，可更换薄膜，继续覆盖。

（四）果园生草

果园生草是目前国内外樱桃栽培中正大力推广的一种现代化的土壤管理方法，也是实现果园仿生栽培的一种有效手段。

　　樱桃园生草可采用全园生草、行间生草和株间生草等模式，具体模式应根据果园立地条件、管理条件而定。土层深厚、肥沃，根系分布深的果园，可全园生草，反之，土层浅而瘠薄的果园，可用后两种方式。在年降水量少于500毫米、无灌溉条件的果园，不宜进行生草栽培。

　　适合樱桃园生草的种类：禾本科的有早熟禾、百喜草、剪股草、野牛劲、羊胡子草、结缕草、鸭茅、燕麦草等，豆科的有白三叶、红三叶、紫花苜蓿、扁豆黄芪、田菁、豌豆、绿豆、黑豆、多变小冠花、百脉根、乌豇豆、沙打旺、紫云英、苕子等，以及夏至草、泥胡菜、荠菜等有益杂草，近几年有用黑麦草、羊茅草等禾本科牧草，也可用豆科和禾本科牧草混播。

　　种草时间与播种量：除冬季外，其他季节均可播种，一般春季3～4月份和秋季9月份地温在15℃以上时最为适宜。春季播种，草被可在6～7月份果园草荒发生前形成。播种量视生草种类而定，如黑麦草、羊茅草等牧草每亩用草种2.5～3.0千克，白三叶、紫花苜蓿等豆科牧草每亩用种量1.0～1.5千克。

种植方法：可直播和移栽，一般以划沟条播为主。平整土地以后，最好在生草播种以前半个月灌一次水，诱使杂草种子萌发出土，然后喷施短期内降解的除草剂，如克芜踪等，10天以后再灌水一次，将残余的除草剂淋溶下去，然后播种草籽，这样可以减少杂草的干扰，否则当生草出苗后，杂草掺和在内，很难拔除。

果园生草应当控制草的长势，适时进行刈割，以缓和春季与樱桃争夺水分和养分的矛盾，同时还可以增加年内草的产量。一般一年刈割 2 ～ 4 次，灌溉条件好的可以多割一次。初次刈割要等草根扎深、营养体显著增加以后才开始。刈割要掌握好留茬的高度，一般豆科草茬要留 1 ～ 2 个分枝，留茬 15 厘米左右，禾本科草要留有心叶，一般留茬 10 厘米左右，如果留茬太低就会失去再生能力。带状生草的刈割下的草覆盖于树盘上，全园生草的则就地撒开，也可以开沟深埋。

生草园早春施肥应比清耕园增施一半的氮肥；生草 5 ～ 7 年以后，草逐渐老化，应及时翻压，休闲 1 ～ 2 年以后重新播种。翻压以春季为宜，也可以在草上喷洒草甘膦等除草剂，使草迅速死亡腐烂，翻耕后有机物迅速分解，速效氮激增，应适当减少或停施氮肥。

## 二、肥水管理

### （一）施 肥

#### 1.樱桃的需肥特点

樱桃开花、展叶、抽梢和果实发育到成熟都集中在生长季的前半期，从开花到果实成熟仅需45天左右的时间，绝大部分的梢叶也是在这一时期形成的，而花芽分化又在果实采收后的 1 ～ 2 个月内基本完成，具有生长发育迅速、需肥集中的特点。因此，樱桃越冬期间贮藏养分的多少，生长结实和花芽分化期间营养水平的高低，对壮树、丰产有重大的影响。

据研究，在 100 千克樱桃成熟果实中，含氮 1.039 千克，含磷 0.141 千克，含钾 1.256 千克。若以氮的绝对

含量为 10 的话，则氮、磷、钾的比例为 10.0 : 1.4 :
12.6，6 月下旬和 8 月下旬，樱桃叶片中的含氮量分
别为干物质的 2.639% 和 2.160%，含磷量为 0.302% 和
0.329%，含钾量分别为 2.782% 和 2.637%。以氮的绝对
含量为 10.0，则氮、磷、钾的比例为 10.0 : 1.2 ~ 1.5 :
10.5 ~ 12.2。在年周期发育过程中，叶片中氮、磷、钾的
含量，以展叶期最大，此后逐渐减少。钾的含量在 10 月
初回升，并达到最高值。由此可以看出，樱桃对氮、钾的
需要量很多，且数量相近。对磷的需要量则要低很多。
氮、磷、钾的适宜用量比例，在 10.0 : 1.5 : 10.0 ~ 12
范围内。1 年中从展叶到果实成熟前，需肥量最大，采果
后至花芽分化盛期需肥量次之，其余时间需肥量较少。

**2.樱桃的施肥原则**

（1）建立有机肥为主的施肥制度：有机肥不仅具有
养分全面的特点，而且可以改善土壤的理化性状，有利于
樱桃根系的发生和生长，扩大根系的分布范围，增强其固
地性。早施基肥，多施有机肥还可增加樱桃贮藏营养，提
高坐果率，增加产量，改善品质。

（2）抓住几个关键时期施肥：生命周期中抓早期，
先促进旺长，再及时控冠促进花芽分化。年周期中抓萌芽
期、采收后和休眠前 3 个时期。

（3）以平衡施肥为主：追肥上应以平衡施肥为主，
然后根据各时期的需肥特点有所侧重。

**3.施肥方法**

樱桃的施肥时期、施肥量和施肥方法，因树龄、树势

和结果量的不同而不同。云南樱桃产区，对幼树和初果期树，强调施基肥，一般不进行追肥，结果大树则需增加追肥次数。

（1）基肥：基肥以有机肥料为主，是较长时间平稳、均衡供给果树多种营养成分的基础性肥料。通过基肥增施有机肥料，能够提高土壤有机质含量，而土壤有机质含量是土壤结构好坏，土质肥沃程度的主要指标；增施有机肥是改良土壤的主要措施之一，是决定樱桃果实质量的基础，在樱桃生产中具有不可替代的作用。

有机肥的施肥数量，在目前有机肥料来源严重不足的情况下，至少应该保证500克果施1.0～1.5千克有机肥的材料。生产当中还应根据树龄、树势及有机肥料的种类和质量而定。总结多年的施肥经验，认为幼树和初果期树，一般每株施入人粪尿30～50千克，或猪粪120千克，结果大树单株施入人粪尿60～80千克，或亩施猪圈粪3000～5000千克。

基肥用的人粪尿，一定要事先经过拌土堆积发酵后再施用，以防烧伤根系。为提高肥效，堆积发酵时要加入过磷酸钙，其用量是每100千克人粪尿中加入5千克过磷酸钙即可。鸡粪是一种较好的有机肥，对健壮树势、提高果

实品质，十分有利。近几年，不少樱桃园用腐熟的鸡粪作为基肥的肥源。但必须注意，用鸡粪作基肥，一定要事先堆积发酵，腐熟后再施用，避免烧根和滋生虫害。

基肥可以在秋季或春季施用，根据樱桃的生长特点，基肥宜在秋季早施。一方面此时地上光合积累充足，根系活动旺盛，伤根容易愈合，切断一些细小根，起到根系修剪的作用，可促发新根；另一方面根据樱桃的生理特征在施基肥时通常要加入适量的速效性氮肥，能被树体及时地吸收，因此时地上部新生器官已基本停止生长，几乎全部被用来作为积累贮备，可以显著提高树体贮藏营养能力和细胞液浓度，对来年的萌芽开花和新梢早期生长十分有利。此外早秋施基肥，有机物质腐烂分解时间较长，矿质化程度高，翌年可及时供根系吸收利用，并有利于果园保墒，提高地温，防止根冻害。

人粪尿多采用放射状沟施，或开大穴施用；猪圈粪则多采用土壤深刨进行撒施，或行间开沟深施，沟深30～40厘米左右。

（2）土壤追肥：基肥发挥肥效平稳而缓慢，当樱桃需肥急迫时必须及时，补充方能满足果树生长发育的需要。追肥既是补充当年壮树、高产、优质的肥料，又给来年生长结果打下基础，是樱桃生产中不可缺少的施肥环节。

①追肥时期：花果期施肥：此次追肥在谢花后，果核和胚发育期以前进行，目的是为了提高坐果率和供给果实发育、梢叶生长，同时促进果个增大。肥料种类以速效性

氮肥为主，配以适量磷、钾肥。生产上常用三元复合肥或腐熟人粪尿。注意此次追肥不能晚，过晚往往使果实延迟成熟，品质降低。

采果后补肥：此次追肥是一次关键性的施肥。此时正值从展叶抽梢、开花坐果到果实发育的营养消耗阶段，向营养长时间积累阶段过度，并开始花芽集中分化，此时及时补充肥料，对增加营养积累、促进花芽分化、维持树势健壮，都有重要作用。

采果后补肥的种类，主要是腐熟的人粪尿、腐熟豆饼水，以及复合肥等。

秋季施肥：此次追肥常结合秋施基肥施入，主要目的就是提高树体后期的营养积累，增强越冬抗寒能力，为来年的丰产优质打下基础。施肥的种类应以氮肥为主，配以适量的磷、钾肥。缺素症发生严重的果园可随同基肥一块施入相应的微量元素肥料。

②追肥量：确定施肥量的方法很多，然而根据土壤或叶片分析值进行理论计算，现在在实际生产中一时还难以推广，确定施肥量的主要手段，还是凭以往的生产经验。据多年种植樱桃的经验，花果期追肥，成龄大树一般株施复合肥 1～2 千克或株施人粪尿 25 千克，采果后补肥成龄大树每株施复合肥 1.0～1.5 千克，或腐熟人粪尿 70 千克，或腐熟猪粪尿 100 千克，初结果树每株施磷酸二铵 0.5 千克左右。

③追肥方法：通常腐熟人粪尿或猪粪尿，可采用放射状沟施；复合肥采用在树冠外围 30～50 厘米的地方，进行放射状或弧形沟施。开沟时，要多挖几条，一般 7～9 条，以扩大施肥面，便于吸收。并可避免肥料过于集中，烧伤根系。

（3）根外追肥：根外追肥是一种应急和辅助土壤施肥的方法，具有见效快和节省用肥等特点。在调节树体长势、促进成花、提高坐果率和改善品质等方面，效果也很明显。

春季萌芽前枝干喷施 2%～3% 的尿素液可弥补树体贮藏营养不足，促进萌芽开花和新梢生长，展叶后喷施 0.2% 尿素加 0.2% 磷酸二氢钾或 0.01% 芸苔素内酯 1000～2000 倍液加 0.1%～0.2% 硼砂（每 10 天喷 1 次，连喷 2～3 次），对扩大叶面积和增加叶厚度都有较明显的作用，有利于幼旺树尽早成花。花期喷洒 0.2% 的尿素和 0.1% 硼砂，可明显提高坐果率，促进果实发育。

叶面喷肥的注意事项：一是根外追肥只是果树施肥的

辅助性措施，不能代替土壤施肥，只能作为补充；二是应避开降雨和高温，以免降低效果和引起"肥害"。夏季应在温度较低时进行；三是要细致周到，喷布均匀，重点喷叶背面。

（二）灌水与排水

1.灌水

（1）花前水：在萌芽至开花前（2月中、下旬）进行。主要是满足展叶、开花的需求。此时灌水可以降低地温，延迟开花，有利于防止倒春寒危害。据调查，花前灌水和不灌水的，开花初期可相差 3 ~ 5 天。若早春干旱，效果更为明显。

（2）硬核水：硬核期是果实生长发育最旺盛的时期（4月初至4月中旬前）。这一时期正值果实迅速膨大，果核迅速增长至果实成熟时的大小，胚乳也迅速发育，对水分的供应最敏感。此期若土壤含水量不足，幼果则发育不良，易早衰脱落。因此，这一时期的灌水要勤，一般 2 次，量要足。据测定，当根系主要分布层的含水量下降到 11% ~ 12% 时，就会发生"柳黄"落果，所以在 10 ~ 30 厘米土层的土壤含水量下降到 12% 以前时，要立即灌水。据调查，在沙壤土上，以毛把酸为

砧木嫁接那翁的成龄树，80%的根系分布在20～40厘米土层中。中国樱桃在冲积性壤土上，根系主要分布在20～35厘米土层中。土层浅或深，根系分布也会随之或浅些，或深些。据试验表明，在硬核期灌水的比不灌水的可减轻落果26.1%～29.2%。

（3）采前水：果实采收前（4月下旬至5月初）是果实第二速长膨大期，灌水与否对果实产量和品质影响极大。采前灌水有增大果个、增加果实可溶性固形物含量和提高品质的重要作用。必须指出，采前水要在硬核水的基础上浇灌，如果前期长期干旱，突然在采前灌大水，有时反而会引起裂果，特别是容易裂果的品种。

（4）采后水：果实采收后，正值树体恢复和花芽分化的重要时期。此期应结合施肥进行灌水，为翌年打下基础。

灌水方法，一般采用畦灌。有条件时，应提倡采用喷灌。尤其在晚霜来临前，采用喷2分钟、停2分钟的间歇喷灌法，可以有效地延迟樱桃开花期，避免倒春寒危害。

2.排　水

当樱桃园的土壤含水量达到土壤最大持水量的100%时，只需48小时，叶片就会开始变黄。因此，樱桃园防涝是一项不可忽视的工作。除了进行节水灌溉，还要开通果园排水系统，使灌入田间过多的水或降雨能及时排出。这项工作应在建园时统筹安排。

挖定植沟时，易涝地块最好沿高低走势挖成定植沟，在较低一端地头挖深50～60厘米的排水沟，并与各定植沟相通，每年扩穴时也把穴沟与排水沟挖通，以利排水。凡挖定植穴定植的樱桃园最好在 1 ~ 2 年内结合扩大穴挖通株间隔埂。

除沙地果园外，其他土质的果园均应整成低垄，垄高30 厘米左右，行间的正中央是垄沟，方便排灌。

在黏土地果园，定植时可挖小穴定埴，穴深 15 ~ 25厘米，以后逐年挖行间的土培在树盘下，3 年后树盘下的活土层比 2 行树中间可高出 30 ~ 40 厘米，根系都生长在活土层，根系生长的地面较高，不易积水。

# 第七篇　整形修剪

## 一、与修剪有关的特性

与其他树种相比，樱桃生长发育有其独有的特点，了解并掌握这些特性，对于合理运用各种树形和修剪方法很有必要。

### （一）樱桃萌芽率高，而成枝力相对较低

一年生枝除了基部几个瘪芽外，大部分可以萌发。在自然甩放的情况下，一般只有先端的 1 ~ 4 个芽可抽生中长枝。幼树期间，枝量大，成形快，有利于早结果，早丰产。整形修剪要充分利用这些特性，采用轻剪、短剪为主，促控结合，迅速扩大树冠，促进花芽形成，及早投产。

### （二）芽具早熟性

背上新梢留 5 ~ 10 厘米反复摘心或进行扭梢处理，当年即可成花。在樱桃整形过程中，要积极运用夏剪措施，提早成形，促进花芽分化和结果枝组的培养。

### （三）顶端优势明显

枝条顶端及其附近的芽萌发力强，易抽生多个长枝，而其下端绝大多数为短枝，很少抽生中枝。在自然生长的情况下树冠层性非常明显，任其生长，外围枝条生长强旺，2 ~ 3 年生枝段上的短枝会衰亡枯死。在整形修剪过程中，幼旺树多采用拉枝、刻芽等技术，平衡树势，抑前促后，促发中短枝。盛果期树要减少外围枝拉力，促进内膛枝的发育。

（四）不同树龄对修剪反应的敏感程度不同

樱桃幼树对修剪反应极为敏感，中长枝短截后普遍发生 3 个以上强旺新梢，生长量大，对增加分枝有利。中长枝缓放，则极易形成串枝花，大量结果。成龄树大量结果后，对修剪反应迟钝，一般的回缩、短截等复壮效果均不明显，需加大量修剪，以保证剪口下能发出较强旺枝，达到复壮目的。根据樱桃这一特性，在不同树龄用不同的修剪方法，合理的调整营养生长和生殖生长的关系，使樱桃能在健壮的基础上，获得稳产、高产。

（五）伤口愈合能力较弱

整形过程中造成的剪锯口极易流胶，严重削弱树势。因此，冬季修剪时要少剪伤口，尤其是大伤口，必须去掉的大枝，最好在采果后的生长季节进行，并用伤口愈合剂进行涂抹。

（六）枝条分枝角度小，易形成"夹皮枝"

随着枝龄的增长，夹皮处形成一些死组织，引起流胶，在人工整形时，此处极易劈裂。在修剪时，可采用极重短截清除同龄枝，或抹去剪口下 2 ~ 4 芽的做法，消除夹皮枝。

## 二、樱桃修剪原则

（一）因树修剪，随枝做形

樱桃在人工栽培条件下，应根据其品种的生物学特性、不同生长发育时期、不同树龄、立地条件、目标树形等具体情况而确定应采用的修剪方法和修剪程度，以达到修剪的最佳效果。做到有形不死、无形不乱，建造一个既不影响早期产量，又能建造丰产树形，使生长与结果均衡合理。

### （二）重视夏剪、拉枝开角、促进成花

樱桃要特别注意夏季修剪工作，采取摘心、扭梢、环割等措施，促进枝量的增加和花芽形成，提高早期产量，各主枝在春季枝条长 20 厘米以上时，用牙签撑枝，开张角度，7～9 月份做好拉枝工作，使营养生长向生殖生长转化，有利提早成花。

### （三）严格掌握修剪时期

樱桃的整形一般采取春剪、夏剪和冬剪，秋季不修剪。因在秋季修剪，很容易造成剪口干缩，出现流胶现象，消耗大量水分和养分，甚至引起大枝死亡。冬季休眠期修剪以整形定干（拉枝、疏剪等）为主，促使局部长势增强，而削弱整个树体的生长，一般修剪量越大，对局部的促进作用越大，而对树体的整体削弱作用越强。春季以抹芽、摘心等为主，控制营养生长，促进开花结果。夏季以拉枝、短截、扭梢、疏剪等为主。樱桃的冬季修剪最佳时期宜在树液流动之后至萌芽前这段时期，对于幼树提倡夏季修剪，盛果期树宜冬季修剪，必须根据不同树龄合理掌握。

## 三、主要树形及整形方法

### （一）自由纺锤形

这是近年来樱桃主产区幼树整形修剪中应用最多的树

形，具有整形容易、结果早、丰产的优点，适合于密植栽培。

**1.结构特点**

干高 40 ~ 50 厘米，树高 3 米左右，中干直立挺拔，其上分层或螺旋着生 15 ~ 20 个单轴延伸的主枝，主枝与下层夹角为 80° ~ 90°，上层为 90° ~ 120°，基部主枝长 150 ~ 200 厘米，中、上部主枝长 100 ~ 150 厘米。

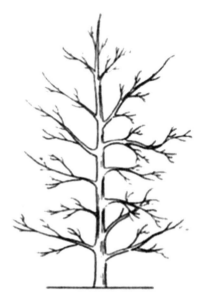

**2.整形过程**

定植后 60 ~ 70 厘米定干，保留剪口下第一芽，其下 2 ~ 4 芽抹去。当年夏剪对选留的主枝新梢开角至 70° ~ 80°，或于冬季将其拉至 70° ~ 80°。第二年春季芽萌动时，中干延长枝剪留 40 ~ 60 厘米，具体剪留长度根据下部选留的主枝数量和中干强弱而定，下部主枝多中干强的可剪留长些，下部主枝少中干弱的剪留短些，保留剪口下第一芽，其下 2 ~ 4 芽抹去。中干上的芽每隔 4 芽进行刻伤，促发分枝。对选留的主枝缓放或去顶，不进行短截。生长季节，主枝上发生的竞争枝、背上直立枝及时扭梢、摘心、捋枝加以控制，中长枝扭梢促其成花。中心干延长头中截后发出的枝任其生长，至冬季拉至

80°~90°。第三年的
整形修剪同上一年，背
上枝生长强旺时，可喷
150~200倍的PBO（新
型果树促控剂）控势促
花。经过3年的修剪，
自由纺锤形可基本完成。
之后根据树高和主枝长
势情况在适当部位落实
开心，控制树高，树体
整形可基本完成。

　　自由纺锤整形时对树势要求较高，树势越强旺，越易
培养，成形越快，树形也越理想。这种树形一旦大量结
果，树势很易衰弱，因此，要加强土肥水管理，山坡地、
土壤比较贫瘠的地块不宜采用，成型后修剪量小，但要保
证每个主枝延长枝始终是混合枝。若为中短果枝，则就回
缩复壮。

　　（二）小冠疏层形

1.结构特点

　　具中央领导干，干高40~60厘米，中心干上着生
6~8个主枝，分三层。第一层主枝3个，每个主枝上
着生2~3个侧枝，主枝开角60°~70°，侧枝角度
60°~80°。第二层主枝2~3个，开角45°~60°，
每个主枝上配备1~2个侧枝，侧枝开角50°~70°。
第三层主枝配备1~2个侧枝，直接着生结果枝组。一、

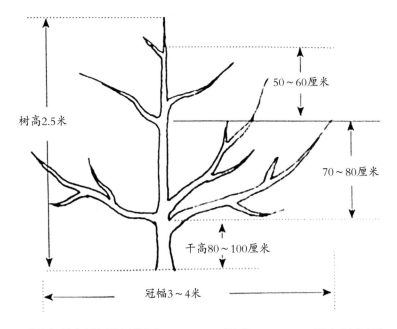

树高2.5米

50～60厘米

70～80厘米

干高80～100厘米

冠幅3～4米

二层主枝间的层间距为 70～80 厘米，二、三层主枝间的层间距为 60～70 厘米。

2.整形方法

定植后，60～70 厘米定干，保留剪口下第 1 芽，抹去剪口下 2～4 芽，第一年选生长健壮、方位好的新梢作主枝，长至 60 厘米时留 50 厘米摘心，一般能分生 2～3 个新梢。至 9 月份将主枝拉至应有角度，不作主枝的大枝拉至 80°～90°。第二年春季修剪时，中干延长枝留 40～60 厘米剪截，发生的新梢留方向好的 2～3 枝选作第二层主枝培养，当其长至 60 厘米时摘心促发侧枝，第一层主枝在第一侧枝上 30～40 厘米中截，选留第二侧枝，第二侧枝在第一侧枝对面。对辅养大枝可于芽萌动进行刻芽，刻两侧和背后芽，不刻背上芽。至4月份，对第二层枝进行拉枝，留作主枝的拉至45°～60°，其余拉至水平。第3年春季骨干枝的修剪同第2年，生长季节中干延长枝发出的

新梢不进行摘心，单轴延伸，培养1～2个主枝。至此，树体整形已基本完成。

### （三）自然开心形

#### 1.结构特点

无中央领导干，干高20～40厘米，全树3～4个主枝，开张角度30°～40°。每个主枝上留5～6个背斜或背后侧枝，插空排列，开张角度70°～80°，多呈单轴延伸，其上着生结果枝组。树高3.0～3.5米，整个树冠呈圆形或扁圆形。

#### 2.整形方法

30～40厘米定干。剪口枝生长直立旺盛时，留10～15厘米重摘心控制，剪口枝生长不过旺时，可选作主枝，与其下留作主枝的分枝，均留30～50厘米外芽

摘心，去上芽，促生分枝，培养主枝延长枝和侧枝。如果长势仍较旺，在7月中下旬前，对主枝延长枝留

30～40厘米进行第二次摘心，其余直立旺枝重摘心1～2次，控制生长。9月份调整主枝角度到30°～40°，强主枝角度大些，弱主枝角度小些。侧枝开角到70°～80°。第二年春剪时，主枝延长枝留40～50厘米短截，侧枝和其余枝条缓放或去顶。若生长仍较旺时，主枝延长枝继续摘心，加速培养背斜或背后侧枝，竞争枝和背上强枝重摘心或扭梢控制，培养结果枝组。到秋季，再对主枝、侧枝角度加以调整、固定。第三年按照第二年的方法继续选留侧枝，培养结果枝组。有3年时间，树形即可基本完成。

（四）丛状形

1.结构特点

无主干和中央领导干，从近地面处分生出4～5个主枝，主枝上直接着生各类结果枝组。

2.整形方法

定植后留20～30厘米定干，当年既可发出3～5个

主枝，当主枝长到
40～50厘米时，
留30～40厘米摘
心，促发二次枝，
防止内膛光秃。第
二年春，对主枝根
据生长势情况进行
短截，不足70厘
米长的枝，缓放不
剪，任其生长。超
过70厘米的枝，
留20～30厘米短
截，剪口芽一律留
外芽。第三年春剪
时，只对个别枝进
行调整，生长季节

对旺枝连续摘心，增加枝量，其余枝条缓放不动，三年即
可完成整形。

丛状形具有成形快，骨干枝级次少，树体矮小，结果
早，抗风力强，不易倒伏，管理方便，缺点是寿命较短，
适于丘陵山区或温室整形。

## 四、修剪方法

### （一）冬季修剪

樱桃枝条组织疏松，导管粗大，休眠期修剪早，剪口

极易失水，影响剪口芽的生长。因此，樱桃最好在萌芽前修剪。修剪方法主要采用短截、缓放、回缩、疏剪等。

## 1.短 截

剪截去一年生枝的一部分称短截。根据短截的程度，可分为轻、中、重、极重4种。剪去一年枝条的1/4 ~ 1/3 的称轻短截，可削弱顶端优势，降低成枝力，缓和外围枝条的生长势，增加短枝数量，提早结果。在一年生枝条中部饱满芽处短截，剪去原枝长的1/2的称中短截。中短截有利于增强枝条的生长优势，增加分枝量，一般可抽生出 3 ~ 5 个中、长枝。在成枝力弱的品种上多利用中短截增加分枝量，对中心干和主侧枝延长枝幼树期间多用中短截。剪去一年生枝的2/3左右称为重短截，能促发旺枝，提高营养枝和长果枝的比例，在幼树期间，为平衡树势多采用重短截。在枝条基部留4 ~ 5芽的短截称为极重短截，中心干延长枝的竞争枝常采用极重短截控制其长势，利用背上枝培养小型结果枝时，第一年生极重短截，第二年对发出的强旺枝再次极重短截，中、短枝可缓放形成结果枝组。

短截

幼树期间尽量少用短截，对于骨干枝上过长的延长枝，可进行轻、中短截，以利在适当的部位抽生分枝。对于部分过密的长枝，在适量疏剪的基础上，少量可用重或极重短截，第二年再用摘心等复剪措施培养结果枝组。对于一部分背上直立的强枝和强的中枝，也可采用极重短截重复剪措施，培养结果枝组。对于长势偏弱的成龄树，可适当采用中短截，减少生长点，促进长势，一部分长果枝和混合芽，可采用轻、中短截，提高坐果率。

### 2.缓　放

对一年生枝条不加修剪或仅破顶，任其自然生长，称为缓放。缓放是樱桃幼树与初果期树整形修剪过程中常用的修剪方法，有利于缓和枝势和树势，减少长枝数量，有利于花束状短果枝的形成，促进花芽形成，提早结果。使用时应因枝制宜，幼树期间主要缓放中枝和角度较大的枝，缓放后长势旺，加粗快，直立强旺枝和竞争枝必须将其拉至水平或下垂后再行缓放。缓放应掌握幼树缓平不缓直，缓弱不缓旺，盛果期树缓壮不缓弱，缓外不缓内的原则。

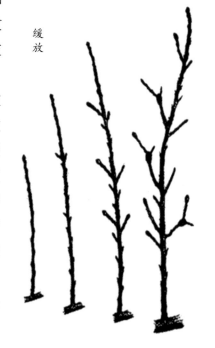

缓放

### 3.疏 剪

把一年生或多年生枝从基部去掉称为疏剪。疏剪可以很好地改善冠内光照条件，削弱或缓和顶端优势，促进骨干枝后部枝条、枝组的长势和花芽发育。疏剪主要是疏去树冠外围过多的一年生枝、过旺枝、轮生枝、过密的辅养枝或扰乱树形的枝条，无用的徒长枝、细弱枝、病虫枝等，樱桃树不可一次疏剪过多，尽量不疏或少疏大枝，以免造成过多、过大的伤口而引起流胶或伤口干裂，削弱树势。疏除大枝的最佳时间是在果实采收后的6月中、下旬。

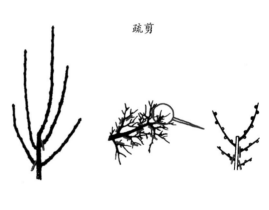

疏剪

### 4.缩 剪

剪去或锯去多年生枝的一段称为缩剪。适当缩剪，能够促进枝条转化、复壮长势，促使潜伏芽萌发，主要用于结果枝组复壮和骨干枝复壮更新上。缩剪的对象一般是生长过弱

缩剪

的骨干枝或缓放多年的下垂枝、细弱枝，后部光秃的、需要更新复壮的结果枝组。对一些内膛、下部的多年生枝或下垂缓放多年的单轴枝组，不宜缩剪过重，应先在后部选择有前途的枝条短截培养，逐步缩剪，待培养出较好的枝组时再缩剪到位。否则若缩剪过重，因叶面积减少，一时难以恢复，极易引起枝组的快速衰亡。

（二）夏季修剪

是指从春季萌芽至秋季落叶以前这一时期的修剪。主要修剪方法有：刻芽、摘心、扭梢、拿枝、拉枝等。夏季修剪减少了新梢的无效生长，调节骨干枝角度，改善光照条件，使树体早成形、早成花、早结果。

1.刻　芽

在芽的上方，造一道横向的伤口，深达水质部，称为刻芽。刻芽能够提高萌芽率和成枝力，有利于培养健壮的中小型结果枝组，是樱桃早果丰产的一条行之有效的措施。刻芽的时间是在樱桃芽膨大期，在芽的上方0.5～1.0厘米处，用钢锯条横

拉一下，弧长为枝条周长的1/3。缓放的大枝间隔2～3芽刻两侧芽，不刻背上和背下芽。中干延长枝在需发枝的部位进行刻芽促发长枝。

### 2.摘　心

在新梢木质化以前，摘除先端的幼嫩部分称为摘心。摘心可增加枝叶量，减少无效生长，促进花芽形成，提高坐果率和果实品质。摘心的时间和方法根据目的而定。如果以扩大树冠，增加分枝，培养骨干枝为目的，可在新梢长到所需长度时摘去10厘米左右，试验表明，摘心较晚，摘留长度时较长，则促发分枝数较

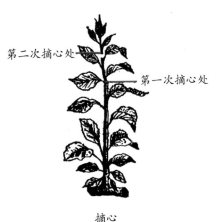

第二次摘心处　　第一次摘心处

摘心

多。树势旺时，年内可摘心2次，但不要晚于7月下旬，否则，新梢不充实易受冻而干枯，两次摘心可增加发枝数量。如果以抑制外围和背上新梢旺长促分枝，加速枝组培养和促花芽形成为目的，可在新梢长到10～15厘米时，留5～10厘米摘心。第二次新梢旺长时，可连续摘心，往往当年即可成花，形成结果枝。开花坐果后，如抽生新梢过多，尤其是一部分短枝和中枝转化的长枝，必须及时摘心控长，以减少生理落果。

### 3.扭 梢

在新梢未木质
化时，用手捏住新
梢的中下部反向扭
曲180°，使新梢水
平或下垂的这种修剪
方法称为扭梢。扭梢
通过改变新梢的生长
方向，缓和枝势，促
进花芽分化。扭梢过
早，新梢柔嫩，尚

扭梢

未木质化，易折断。扭梢过晚，新梢已木质化，皮层与
木质部易分离，也易折断。扭梢的最佳时间是新梢长到
20 ～ 30厘米尚未木质化时进行，用手握住基部5 ～ 10
厘米处，轻轻旋转，伤及
木质部和皮层但不折断。

### 4.拿 枝

对旺梢逐段捋拿，伤
及木质部而不折断称为拿
枝。是控制一年生直立
枝、竞争枝和其他壮营养
枝的有效方法。5 ～ 7月
皆可进行，从枝条的基部
开始，一只手将新梢固
定，另一只手开始折弯，

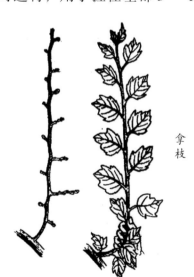

拿枝

向上每5厘米弯折一下，直到先端为止。如果枝条长势过旺，可连续进行数次，枝条即能弯成水平或下垂状。经过拿枝，改变了枝条的姿势，削弱了顶端优势，使生长势大为减弱，有利于花芽分化。

5.拉　枝

用铁丝、麻绳等将枝条拉至所要求的方位和角度称为

拉枝

拉枝。通过拉枝，可以开张主枝角度，削弱极旺生长，缓和树势，促发短枝，促进花芽分化，防止结果部位外移。多年生枝每年春季树体萌芽后到新梢开始生长前这段时间拉枝，此时，各级枝条处于最软、最易开角的阶段，不易劈裂，当年新梢以9月份拉枝为好。拉枝时，绳索与被拉枝条间最好用胶皮等物垫一下，防止绳索或铁丝绞缢进枝内。拉枝要将枝条拉至水平，严禁出现弓背，造成背上冒条。

（三）结果枝组的培养

1.小型结果枝组的培养

当一个结果枝所处的空间较小或在主枝的先端及背上时，宜培养成小型结果枝组，方法是在生长季节进行连续摘心或扭枝，然后缓放，背上的强旺枝冬季进行极重短截，促发水平枝或斜生枝，生长直立的枝则进行拿枝处理。

## 2.大中型结果枝组的培养

当一个枝处的空间较大时，冬季修剪先行中短截，一般能萌发 3 ~ 4 个枝，夏季对背上枝扭梢，水平或斜生的中长枝连续中度摘心，短枝缓放，第 2 年冬对强旺枝重或极重短截，中、短枝缓放。

## 五、不同年龄时期树的修剪

### （一）幼龄树的修剪

幼龄期树一般指从定植到少量结果前这一时期，约

3 ~ 4 年，这个时期的主要修剪任务是培养树体结构，尽快扩大树冠，培养结果枝组，平衡树势，尽快完成幼树整形工作。

### 1.定植后第1年的修剪

苗木定植第一年，要经历一个"缓苗期"，长势一般不是很旺盛。在这一年里，要根据整形的要求，进行定干，并选留好第一层主枝。

定干高度，要根据种类品种特性、苗木生长情况、立地条件及整形要求等确定。培养自然开心形时，定干高度 20 ~ 40 厘米，培养自然纺锤形时，定干高度为 65 厘米左右。一般成枝力强、树冠开张的种类和品种，以及平

地、砂地条件下，定干宜高些；成枝力弱、树冠较直立的种类和品种，以及山丘地条件下，定干高度可稍低。定干后的苗木，发芽前要在苗干近地面处，绑缚喇叭形纸套，上端扎紧，下端开口，以防大灰象甲爬到苗干上食害初萌发的嫩芽。

定干后，一般可抽生 3～5 个长枝。冬季修剪时，要根据发枝情况选留主枝。培养自然开心形时，要先选留好 2～4 个长势健壮、方位角度适宜的枝条作为主枝。定干后的剪口枝进行重短截，及早定型，剪留长度 20 厘米左右。选作主枝的枝条，剪留长度一般为 40～50 厘米。强枝宜稍短，弱枝可稍长。

培养主干疏层形时，要先选留定干剪口下的直立壮枝，作中央领导干，剪留长度 50 厘米左右。再从其余枝条中，选留 2～3 个生长健壮、方位角度适宜的作为主枝，剪留长度 40～50 厘米。

培养自由纺锤形的，要拉开主枝角度至近水平状态，中干延长枝的剪留长度，一般为 50 厘米左右。

定干后的苗木，如果分枝部位很低时，则可参照自然开心形的选枝要求和修剪方法，培养为丛状形。

## 2.定植后第二年的修剪

经过 1 年"缓苗"之后，定植后第二年的樱桃幼树一般可以恢复生长，并开始旺盛生长，在这 1 年里，要采取生长期修剪的措施，控制新梢旺长，增加分枝级次，促进树冠扩大。通过休眠期修剪，继续选留、培养好第一层主枝，开始选留第二层主枝和第一层主枝上的侧枝。

生长期修剪的具体方法：5月中旬前后新梢速长期，当新梢生长长度达到20厘米时，用手掐去嫩梢前端，使新梢生长暂趋停顿，促进侧芽萌发抽枝。如果新梢加长生长仍很旺盛时，可每隔20～25厘米，连续摘心几次。

休眠期修剪的具体方法：要根据幼树的生长情况灵活运用。如果第一年已留足了第一层主枝，并且经过第二年生长期摘心，分枝较多时，培养自然开心形的，即可在离主枝基部60厘米的部位，选择1～2个方位角度适宜的枝条，培养为第一、二侧枝。培养自由纺锤形的，要在维持中干延长枝剪留长度50厘米左右的同时，切实控制好竞争枝和主枝背上的旺长枝。

如果第一年没有留足第一层主枝，或者未进行生长期摘心，分枝较少时，则要先选足第一层主枝，根据情况选留侧枝。

### 3.定植后第三年至第五年的修剪

要根据整形的要求，继续选留、培养好各级骨干枝，要利用拉枝、撑枝等方法，调整骨干枝的开张角度，要维持好树体的主从关系，注意平衡树势，继续搞好新梢摘心，并开始培养结果枝组。

中干延长枝剪留40～60厘米，抹去剪口下2～4芽，一般能抽生3～5个长枝，方位、角度适宜的，可选作主枝，斜生、中庸枝条，缓放或轻短截，促使形成花芽结果。

樱桃干性强，生长迅速，幼树期间要切实维持好树体的主从关系，均衡树体长势，特别是在培养小冠疏层形和自由纺锤形时，要严格防止上强下弱，采用自由纺锤形整枝的，至3年生可基本完成整形。此后，可视树高适时开心，主枝长势强的，开心宜迟，主枝长势弱的，宜及早开心。

（二）初果期树的修剪

樱桃定植3～4年后即进入初果期，此期对于整形期间尚未完成树冠整形的树，要继续通过主枝延长枝或中

干延长枝适度
短截，选择适
当部位侧芽或
主干枝刻伤促
萌，培养新的
侧枝或主枝；
对于树体高度
已达到 3 米，

下部主枝或侧枝长势已趋中庸健壮的树，可以在顶部一个
主枝或顶部一个侧生分枝上落头开心。对于角度偏小或过
大的骨干枝，仍需要通过拉枝或撑吊予以调整。对于整形
期间选留不当、过多过密的大枝，以及骨干枝背上的大
枝，要及时疏除。

　　要根据品种
的生长结果特
性，采取相应的
方法培养结果树
组。成枝力弱的
品种，多选择骨
干枝背上或两侧
的中强枝条培养
结果枝组。具体
方法是：第一年
留 20 厘米重短
截，翌年，对先

端枝条再短截作枝组带头枝，其余的枝条，过密者疏除，弱枝缓放，中庸枝条中短截促生分枝。第三年，疏除先端的强旺枝，缓放下部的中、弱枝。上一年缓放形成叶丛枝和中、弱枝，可在弱分枝处缩剪。这样培养的结果枝组，枝轴粗壮，枝组紧凑，分枝多，经济寿命长。成枝力强的品种利用中强枝培养结果枝组时，也要先行重短截，翌年发枝后，对新梢摘心促生分枝；第三年，疏除先端强枝，缓放中、弱枝条，培养为结果枝组结果。

（三）盛果期树的修剪

樱桃七、八年生后，进入盛果期，修剪的主要任务是保持中庸、健壮、稳定的长势，维持合理的群体结构和树体结构，维持结果枝组和结果树良好的生长结果能力。

在调整树体结构、改善冠内通风透光条件方面，主要是在采果后，对强旺直立挡光的大枝，扰乱树冠的过密多年生枝，以及后部光秃、结果部位外移出去的大枝，要本着影响一点去一点，影响一段去一段的原则，根据情况进行疏剪或缩剪调整，对于严重影响冠内通风、透光条件，又无保留价值的直立强旺大枝，要从基部疏除。对于影响冠内局部通风、透光条件，又有一定结果能力的多年生大枝，要在其角度比较开张，并具有生长能力的较大分枝处缩剪。具体处理时，高级次大枝应用疏剪的方法较多，低级次大枝，特别是骨干枝，则主要应用缩剪调整。

在维持和复壮结果枝组生长结果能力方面，对延伸型枝组来说，只要其中轴上的多年生短果枝和花束状果枝莲座叶发达，叶片中大，叶腋间形成的花芽饱满充实，坐果率较高，果个发育良好，则表明该结果枝组及其上的结果枝生长结果正常。对这种枝组可以采用缩放修剪法予以维持，缩放时以中庸枝带头，不必短截，缩放时轻缩剪到 2～3 年生枝段上，选中庸枝或偏弱的中枝带头，以保持稳定的枝芽量。当枝轴上的多年生短果枝和花束状果枝叶数减少，叶片变小，叶腋间的花芽也变小，坐果率开始下降时，则要及时轻缩剪，选偏弱枝带头，或剪顶不留带头枝，以适当减少枝芽数量，维持和巩固中、后部的结果枝。切忌重缩剪，减少结果部位，降低结果能力。对分枝型枝组来说，则要根据中下部的结果能力，经常在枝组前端的 2～3 年生枝中段处缩剪，促生分枝，增强长势，增加中、长果枝和混合枝的比例，维持和复壮枝组的生长结果能力。

### （四）衰老期树的修剪

樱桃自开始结果大约经过十七、十八年的时间，生长结果能力开始明显减退，甚至出现衰亡。因此，要根据情况，在 2 ~ 3 年内，分批缩剪更新，促使骨干枝基部的潜伏芽萌发抽枝。缩剪后的大骨干枝，一般缩剪部位都能够抽生几个萌条，要从中选择 1 个长势健壮、方位角度适宜的，保留作为更新枝。其余枝条要尽早抹除，以促进更新枝生长，待更新枝生长到 50 厘米长时，适时摘心，促发二次枝，尽早形成新的树冠，恢复产量。

# 第八篇　花果管理

## 一、花期授粉

樱桃多数品种自花结实能力很低，需要异花授粉才能正常结果。樱桃的开花期较早，常能遇到低温等不良天气。因此，栽培上为确保坐果，除建园时需合理配置授粉树外，每年花期都应进行辅助授粉，以促进坐果。实践证明，授粉对提高樱桃的坐果效果显著，已经在樱桃栽培区推广。

### （一）人工授粉

樱桃花量大，果农又尚未形成疏花的习惯，因此，要像苹果、梨那样通过采花取粉。但是，人工点授的方法困难很大，也不太切合实际。生产上当前可采用制作两种授粉器，在不需要采花取粉的情况下进行人工授粉：一种是球式授粉器，即在一根木棍或竹竿（长短根据需要而定）的顶端，缠绑一个直径5～6厘米的泡沫塑料球或洁净纱布袋，用其在授粉及被授粉树的花序之间，轻轻接触擦花，达到既采粉又授粉的目的。球式授粉器适

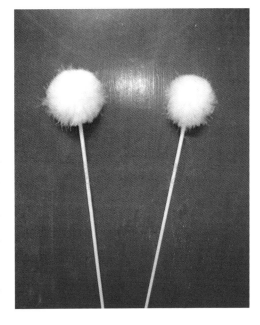

用于在分枝型结果枝组上授粉，但工作效率较低；另一种是棍式授粉器，即选用一根长约 1.2～1.5 米，粗约 3 厘米的木棍或竹竿，在一端缠上 50 厘米长的泡沫塑料，泡沫塑料外包一层洁净纱布，用其在不同品种的花朵上滚动，也可达到既采粉又授粉的目的。棍式授粉器适合于单轴延伸型结果枝组上应用，工作效率很高。自盛花期开始，要分 2～3 次进行，以保证开花期不同的花朵都能充分、及时授粉。据山东福山、莱山等地的应用，花朵坐果率一般可提高 10%～25%。

（二）利用昆虫访花授粉

1. 壁　蜂

有角额壁蜂、凹唇壁蜂、紫壁蜂等品种，生产上以利用前两种为主，角额壁蜂，日本又称小豆蜂，是日本果园用作访花授粉最广泛的一种昆虫。1987 年由中国科学院生防室从日本引进，现已在山东烟台、威海等地推广。壁蜂具有春季活动早（3 月下旬至 4 月初）、适应能力强、活跃灵敏、访花频率高、繁育、释放方便等特点，是樱桃园访花授粉昆虫中的一个优良蜂种。一般在果树开花前 5～7 天释

放，将蜂茧放在果园提前准备好的简易蜂（巢）箱里，每公顷果园放蜂 1500～3000 头，放蜂箱 15～20 个。蜂箱离地约 45 厘米左右，箱口朝南（或东南），箱前 50 厘米处挖一条小沟或坑，备少量水，存放在穴内，作为壁蜂的采水场。一般在放蜂后 5 天左右为出蜂高峰，此时正值樱桃始花期，壁蜂出巢活动访花时间，也正是樱桃授粉的最佳时刻。

### 2.蜜　蜂

蜜蜂多为人工饲养，我国果农早有在果园饲养蜜蜂的习惯。但蜜蜂出巢活动的气温要求比壁蜂高，因此对开花期较早的樱桃来说，授粉效果不如壁蜂，因蜜蜂是移动饲养且最初飞行的时候仅仅采访最近的花朵，因此，樱桃一开始开花就应该将其引入果园。一般 6～10 亩果园放置 1 箱蜜蜂为宜。

### （三）其他有关辅助措施

花期前后喷尿素或低浓度的赤霉素，有助于授粉受精，提高坐果率。据果农试验，在樱桃盛花期前后，喷布 2 次或 1 次尿素液，那翁花朵坐果率较对照分别高 12.9% 和 5.9%；大紫分别提高 21.8% 和 11.9%。花期前后喷低浓度的赤霉素效果也很好。据烟台芝罘区卧龙村在红丰和那翁两个品种上的试验，在 4 月 19 日（盛花期）和 5 月 1 日（花末期）各喷 2 次 40 ~ 50ppm 的赤霉素，红丰花朵坐果率是对照的 3 ~ 7 倍，那翁是对照的 2 ~ 4 倍。

## 二、疏花疏果

樱桃果个大小和果实品质，与叶面积之间呈正相关关系。因此，对于长势较弱、花果数量多的树，有必要疏除多余的花蕾和幼果。

### （一）疏　蕾

疏蕾，一般在开花前进行，主要是疏除细弱果枝上的小花和畸形花。每花束状果枝上，保留 2 ~ 3 个饱满壮花蕾即可。试验表明，在一定的疏花程度范围内，随着疏花程度的增加，结实率和单果重均相应提高。

疏蕾，尽管在改进果实品质方面有显著作用，但毕竟操作比较麻烦、费力。因此，最好在冬季修剪，剪除弱果枝的基础上，配合进行。

### （二）疏　果

疏果，一般是在 4 月中旬樱桃生理落果后进行。疏果的程度，依树体长势和坐果情况确定。一般是 1 个花束状果枝留 3 ~ 4 个果实即可，最多 4 ~ 5 个。疏果时，要把小果、畸形果和着色不良的下垂果疏除。试验表明，疏果后，株产提高 12.0% ~ 22.7%，单果重增加 3.8% ~ 15.0%，花芽数量多，发育质量较好。疏果配合新梢摘心措施，株产可提高 44.9%，单果重增加 48.3%，花芽数量多，发育质量好。

### 三、预防裂果

裂果是果实接近成熟时，久旱遇雨或突然浇水，由于果皮吸收雨水增加膨压或果肉和果皮生长速度不一致而造成果皮破裂的一种生理病害。裂果的数量和程度，因品种特性和降雨量而不同。研究认为，吸水力强、果面气孔大、气孔密度高以及果皮强度低的品种，如艳阳、水晶、滨库等裂果严重。在樱桃果实发育的第三个时期（即第二次迅速生长期），裂果指数随着单果重的增加而增加。果实采收前，降雨量大或大量灌水时，会加重裂果。裂果严重会降低其商品价值。因此，在生产上要采取措施以减轻和防止裂果。

### （一）选用抗裂果品种

从严格意义上讲，目前樱桃尚未发现完全抗裂果的品种。在容易发生裂果的地区，可以选用拉宾斯、萨米特等比较抗裂果的品种。也可根据当地雨季来临的早晚，选用雨季来临前果实已经成熟的品种或早、中成熟品种，如早红宝石、意大利早红、红灯、芝罘红等。

### （二）维持相对稳定的土壤含水量

相关的研究认为，当根系主要分布层的含水量下降到10% ～ 20% 时，就会出现干旱现象，果实变黄脱落。如果这种情况出现在果实硬核至第二次快速生长期，遇有降雨或灌大水时，就会发生裂果。因此，樱桃园 10 ～ 30 厘米深的土壤含水量，下降到田间最大持水量 60% 以前，就要灌水，并且小水勤浇，维持相对稳定的土壤含水量，这是防止裂果的关键。

### （三）利用防雨篷进行避雨栽培

据日本资料，在防裂果措施中效果最好的是防雨篷，大体有顶篷式、帷帘式、雨伞式和包皮式 4 种形式。防雨篷用塑料薄膜做成，采用防雨篷保护性栽培，因见光不良，果实要晚熟 2 ～ 3 天。采用这种装置，裂果较轻，灰霉病很少发生，能适时采收，提高品质。

### （四）喷钙预防

谢花后至采果前，叶面喷施 2 ～ 3 次氨基酸钙（或糖醇钙）800 ～ 1000 倍液 +0.004% 芸苔素内酯 1000 倍液，能够增加果肉硬度，减轻裂果。

### 四、预防鸟害

成熟的樱桃很易遭到鸟的取食，特别是有成片树林附近的樱桃园受害更重。

国外预防鸟害的方法较多，在美国大田樱桃园采取以下措施：采收前 7 天在树上喷杀虫剂，使害鸟忌避；用扩音器播出害鸟惨叫声，把害鸟吓跑；用高频警报装置干扰鸟类的听觉系统。庭院樱桃采用的措施有：在树的前后左右悬挂黑线，鸟因不能看黑线，接触时便受惊飞去；悬挂稻草人；把发光的马口铁或锡箔放在树上随风摇曳，惊吓害鸟。但这些办法，时间长了，往往收效甚微。最常用、最有效的方法是盖网，即在每棵树冠上架设网罩，将树体保护起来。我国有鸟害的樱桃产区，目前尚无更有效的防治方法，今后如能与各种类型的设施栽培相结合，当可收

到良好的预防效果。

## 五、樱桃的采收、保存和包装

### （一）樱桃的采收

#### 1.采收时间

樱桃的采收时间和很多因素有关，不同的种植地以及不同品种的樱桃，它们成熟的时间也是不同的，所以我们要根据具体的情况来进行分析。但大部分的樱桃都是每年的 4 ~ 6 月成熟的。像云南省的樱桃，有的在 3 月底的时候就开始进行采收，有的在 4 月初的时候进行采收，红河州则是在 4 月中旬至 5 月初上市。陕西、山东、山西的樱桃基本也是在 5 月份进行采收，而辽宁和甘肃基本上要到 6 月份才开始采收。

根据果实成熟情况，在采收时应该分期、分批进行。最好在凉爽天气或每天早晨采收，最好在晴天的上午 9:00 以前无露水或者下午气温较低的情况下采收。

#### 2.采收方法

目前我国的樱桃采收基本上还是以人工进行采收，但很多的人对樱桃的采收方法还不是很了解，这样会在一定程度上影响樱桃的品质。首先我们在采收樱桃的时候要分批次进行采收，先采收已经成熟的果实；其次就是我们在采收的时候还需要分品种进行采收，以及按照不同的等级进行装箱；最后就是采收的时候我们要用手握住果柄，然后轻轻地将樱桃摘下，在采收的过程中要

轻拿轻放以免果实受到损伤。

　　采收时最关键也是最重要的一点就是"无伤采收"。无伤采收顾名思义就是在采收时，尽可能地将果实的损伤减少到最低程度或者使其无伤。由于樱桃果皮薄，硬度相对较小，在采摘过程中很容易造成伤果。采摘时应用手捏住果柄轻轻往上掰动。注意应连同果柄采摘。在采摘过程中应配备底部有一小口的容器，容器不能太大，而且必须内装有软衬，以减少其机械碰撞。将采摘下的果实轻轻放入容器内，从容器内往外倒时可以从底部流口处轻轻倒

出，做到轻拿轻放。

（二）保存方法

樱桃的保存方法其实有很多，在我们的生活中最常用的就是将樱桃放入冰箱中冷藏，这是最简单、最直接的一种保存方法。其次就是我们在采收的时候不要将樱桃的果柄去掉，这样也能延长樱桃的保鲜时间。短期的保存我们可以使用保鲜袋进行保存，相对较长时间的保存则可以将樱桃装入纸盒中进行保存。将樱桃做成罐头或者是加工成其他的副食品，也是樱桃的保存方法。

（三）包　装

樱桃是水果中的珍品之一，果实上市时，正值市场鲜果供应的淡季，采用合理、精美的包装，不仅可以减少运销损失，而且可以保持新鲜的品质，提高商品价值。采收后，进行分级筛选，剔除病虫果和畸形果，按照销售要求进行分级和包装。因为樱桃的果实娇小、不耐挤压，包装材料多采用纸箱、塑料盒和聚苯乙烯泡沫箱。包装盒不宜过大，一盒以 1.0 千克、2.5 千克、5.0 千克规格为宜，远途运输，每个包装盒容量不要超过10.0 千克。外包装一定要耐压、抗碰撞。一般筐

底直径 30 厘米，上口直径 40 厘米，高 30 厘米左右，筐底和四周垫上稻草等柔软物，中央树立通气筒，然后用厚包装纸将筐底和四周垫好，慢慢装入果实，一边装入果实一边轻轻摇动，使之装实，以免运输过程中受震压坏。装满后铺盖厚包装纸，盖上筐盖，用麻绳或铁丝拴好。

# 第九篇　病虫害防治

## 一、病　害

樱桃上主要有褐斑病、炭疽病、樱桃叶斑病、细菌性穿孔病、流胶病、根颈腐烂病等病害。

### （一）樱桃褐斑病

#### 1.为害症状

主要为害叶片，也可为害新梢和果实。叶片发病初期形成针头大的紫色小斑点，以后扩大为圆形褐色斑，边缘红褐色或紫红色，直径 1～5 毫米。后期，在病斑上生长有灰褐色霉状物，中间干枯脱落，形成穿孔，边缘整齐。新梢和果实上的病斑与叶片上的病斑类似，空气湿度大时，病部也产生灰褐色霉状物。

#### 2.发病规律

病原菌主要以菌丝体在病叶上越冬。翌春气温回升，遇有降雨时，产生分生孢子，借风雨传播，侵染叶片。一般 5～6 月份即可发病，7～8 月间发病最重。发病轻重与树势强弱、降水量多少，以及立地条件等有关，树势弱，降雨量大而频繁，地势低洼，排水不良，树冠郁闭，通风透光差的果园，发病重，反之则轻。不同品种间，以大紫、小紫和红蜜等发病较重，佐藤锦、那翁和雷尼等发病轻。

3.防治方法

（1）农业防治：加强果园的综合管理，改善立地条件，增强树势，提高树体抗病能力。越冬休眠期间，彻底清理果园，扫除落叶烧毁，消灭越冬菌源。

（2）药剂防治：萌芽前全园喷 3 ～ 5 波美度的石硫合剂。谢花后 7 ～ 10 天开始，每隔 10 天左右可喷洒 1 次杀菌药剂，药剂可选择用 50% 异菌脲可湿性粉剂 1000 ～ 1500 倍液，或 43% 戊唑醇悬浮剂 2000 ～ 3000 倍液，或 40% 氟硅唑水乳剂 3000 ～ 4000 倍液，或 50% 咪鲜胺乳油 1500 ～ 2000 倍液，或 70% 代森锰锌可湿性粉剂 600 倍液，或 72% 福美锌可湿性粉剂 500 倍液，或 70% 甲基托布津可湿性粉剂 1000 倍液等，择其 1 ～ 2 种交替使用，采果后，喷 2 ～ 3 次 180 ～ 200 倍的等量式波尔多液。

（二）樱桃叶斑病

1.为害症状

主要为害叶片，也为害叶柄和果实。叶片受害，初生紫褐色小斑点，后扩大为圆形褐色斑，直径 2 ～ 5 毫

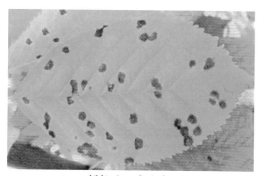

樱桃叶斑病叶片正面

米，或数个病斑相连成较大的不规则病斑。最后病斑中央干枯穿孔，病斑表面散生黑色小点。叶柄和果实有时也能受害产生褐色

樱桃叶斑病叶片背面

斑，造成落叶和落果，严重影响树体的发育和产量。

2.发病规律

此病是由一种真菌侵染而引发的病害。病原菌以子囊壳等在病叶上越冬。春季转暖后，在子囊中形成子囊和子囊孢子，随风雨传播，进行初侵染。潜育期1～2周，表现症状后产生分生孢子，进行多次侵染。一般4月份即可发病，6～7月雨季期间病害盛发。凡果园管理粗糙，排水不良，树冠郁闭的加重发病。

3.防治方法

（1）人工防治：加强栽培管理，提高树体抗病性，冬春季节，彻底清除病落叶，消灭越冬菌源。

（2）药剂防治：萌芽前全园喷一次5波美度石硫合剂；

谢花后至采果前，喷布 1 ~ 2 次 70% 代森锰锌可湿性粉剂 600 倍液，或 75% 百菌清可湿性粉剂 500 ~ 600 倍液，或金大生（或大生 M-45）可湿性粉剂 800 倍液，或 3% 多抗霉素可湿性粉剂 200 ~ 400 倍液等。采果后喷布 1 : 1 ~ 2 : 180 ~ 200 倍的波尔多液 2 ~ 3 次，可以有效地控制叶斑病的危害。

### （三）樱桃细菌性穿孔病

#### 1.为害症状

主要为害叶片，也为害枝梢和果实。叶片受害后，初呈半透明水浸状淡褐色小点，后扩大成圆形、多角形或不规则形，直径 1 ~ 5 毫米，病斑变成紫褐色或黑褐色，周围有黄绿色晕圈。湿度大时，病斑后面常溢出黄白色黏质状菌脓，而后病斑干枯，易脱落形成穿孔。

#### 2.发病规律

病原细菌在病叶或枝梢上越冬。翌春，随着气温的上升，到开花时，细菌自病斑内溢出，通过雨水传播，经叶片的气孔、枝条和果实的皮孔侵入。叶片一般于 5 月份开始发病，雨季为发病盛期。春季气温高、降雨多，空气湿度大时发病早而重。潜育期 16℃为 16 天，20℃时 9 天，

25 ~ 26℃时 4 ~ 5 天，30℃时 8 天。

3.防治方法

（1）加强土肥水管理，控制氮肥，增强树势，提高树体的抗病能力。

（2）秋季彻底清除枯枝、落叶，剪除病枝，集中烧毁，消灭越冬菌源。

（3）药剂防治：樱桃发芽前，喷布一次 3 ~ 5 波美度石硫合剂，消灭越冬菌源。谢花后、新梢速长期，喷布 25% 叶枯唑可湿性粉剂 500 ~ 800 倍液，或 72% 新植霉素可湿性粉剂 2000 倍液，或 72% 农用链霉素可溶粉剂 2000 倍液，或 77% 可杀得（氢氧化铜）水分散粒剂 800 倍液。采果后，喷 1：1 ~ 2：200 倍的波尔多液，可以收到良好的防治效果。

（四）褐斑穿孔病

1.为害症状

为害叶片、新梢和果实。5 月上旬被侵染叶片分布有坏死的红褐色斑，随后扩大到直径 4 ~ 5 毫米，中心部分变为浅褐

色。合并的病痕形成大的死亡区域，引起早期落叶。

2.发病规律

主要以菌丝体或子囊壳在病残落叶上、枝梢病组织内

越冬，翌春气温回升，降雨后产生子囊孢子或分生孢子，借雨水或气流传播，侵染叶片以及枝梢和果实。6月开始发病，8、9月进入发病盛期。温暖、多雨的条件易发病；树势衰弱、郁蔽严重、湿气易滞留的果园发病重。

**3.防治方法**

（1）加强栽培管理，增强树势，提高树体的抗病能力。结合剪枝，彻底剪除病枯枝，清除落叶、落果，以消灭越冬病原。

（2）在干旱或雨季时及时对樱桃园进行浇水或排水，防止园内积水或湿气多等病害诱因。

（3）对樱桃树科学施肥，提高有机肥的施用比率，防止偏施氮肥。

（4）药剂防治：发芽前喷3～5波美度石硫合剂，或45％石硫合剂晶体20～30倍液。在落花后至采收前，喷2～3次70％甲基硫菌灵可湿性粉剂800～1000倍液，或50％的醚菌酯水分散粒剂3000～4000倍，或50％多菌灵可湿性粉剂800～1000倍液，或70％代森锰锌可湿性粉剂600～800倍液，或3％中生菌素可湿性粉剂500～600倍液等。

**（五）根癌病**

**1.为害症状**

主要发生在根颈处，有时也发生在粗侧根上。发病初期，被害处形成灰白色的瘤状物，光滑柔软，随果树生长，瘤体不断增大，表面渐变为褐色至深褐色，表面粗糙或凹凸不平。患根癌的病株，由于树势较弱，长梢

少，往往形成大量短枝并形成大量花芽。根癌较轻时，可正常开花坐果，且坐果率很高，但花期略晚，展叶亦迟，果实可正常发育。根癌较重

时，花期更晚，展叶更差，坐果率低，果实发育中途大量脱落，只有少部分发育至成熟，但果个小、品质差。病树生长缓慢，树势衰弱，抗性降低，渐至死亡。

### 2.发病规律

根癌病是一种细菌性病害，病原菌在癌瘤组织内越冬，或在癌瘤破裂脱皮时进入土壤越冬。降雨或灌溉，是病原细菌传播的主要途径。地下害虫在病害传播上，也有

一定的作用。土壤湿度大，有利于发病，土温在 22℃时，最适于癌瘤的形成。碱性土、土壤黏重、排水不良时，发病重。中国樱桃作砧木很少发病，酸樱桃、山樱桃、实生樱桃发病重，考特砧发病更重。

**3.防治方法**

（1）严格检查出圃苗木，淘汰、烧毁病苗，健苗用 3～5 波美度石硫合剂或用根癌宁（K84）生物农药 30 倍液浸根 30 分钟。

（2）选用抗病砧木。宜以中国樱桃作樱桃砧木，尤以大叶草樱桃最好。

（3）加强肥水管理，促使根系健壮生长，避免在根颈部造成伤口。对已出现的伤口及时消毒保护。

（4）病幼树处理：放射土壤杆菌 K84 是一种根际细菌，在植物根部生长繁殖，并产生特殊的选择性抗生素——土壤杆菌素 K84。这种抗生素防治樱桃根癌病效果较好。对 2～3 年生的病幼树，可扒开根际土壤，每株浇灌 K84 生物农药 30 倍液（或者 5% 井冈霉素水剂 20 倍液）1000～2000 克。

（5）大病树治疗：对已发病的大病树，切除根瘤，然后用石灰乳、波尔多液、5% 井冈霉素水剂 5 倍液或 K84 生物农药 15 倍液涂抹伤口，同时将周围的土壤挖走，换上新土，防止病原细菌传播。

（6）土壤管理：樱桃园要合理施肥，改良土壤，增强树势。首先要及时防治地下害虫。其可以在地面喷施 20% 溴氰菊酯乳油 2000 倍液，或 20% 速灭杀丁乳油

2500 ~ 3000 倍液；撒施毒土（用 50% 辛硫磷乳油 0.5 千克加水适量，均匀喷在 125 ~ 175 千克细土上撒施）。在碱性土壤上栽植樱桃树时，应适当施用酸性肥料或增施有机肥料（未经腐熟的家禽粪肥不能施用），如绿肥等，以改变土壤环境，使之不利于病菌生长。

### （六）根颈腐烂病

#### 1.为害症状

主要为害根颈部，以后逐渐蔓延到较粗侧根的基部，

病部先出现水浸状褐色病斑，皮层组织受到破坏，逐渐溃烂，后蔓延扩大，最后形成层腐烂。导致树势衰弱，花量增多，但坐果率甚低，果个变小，致使整树死亡。

#### 2.发病规律

真菌病害，该病多发生在 5 ~ 15 年生初果期树和初盛果期树，病菌由根颈部的伤口侵入，逐渐向地下根系蔓延。该病的发生与樱桃品种、砧木、立地条件及气候条件有关。先锋品种容易生病；小叶类型中国砧木发病重，大叶类型中国樱桃砧木很少发病；用种子繁殖的砧木发病重，用压条繁殖的砧木发病轻；土壤黏重，排水不良的果

园发病重；土质疏松，排水透气好的果园发病轻；高温、多雨、多大风的年份，发病重。

3.防治方法

（1）防治土壤害虫：做好蛴螬等土壤害虫的防治工作，日常管理中避免和减轻伤及根系，减少病菌的侵入通道。

（2）发病严重的果园，要用25%瑞毒霉800～1000倍或40%乙磷铝300倍液浇灌根颈部，每株灌2～3千克，病树及健树都灌。隔10天再灌1次。

（3）对已死亡的树，应及时清除园外，并及时用40%乙磷铝30～50倍液灌穴消毒，土壤晾晒一段时间，取样土检验，直至无病原菌残留时方可另栽培新株。

（4）建园时应选择地势较高，排水条件良好的沙壤土。在定植前用1%硫酸铜溶液（或高锰酸钾300倍液）浇灌定植穴，每穴10～15千克，以杀灭土壤中的病菌。定植时嫁接部位要高于地面10～15厘米。

（5）搞好果园排水设施，保证雨季园地不积水。搞好果园土壤改良和平整工作，使土壤不积涝，保持良好的通透性，以减轻发病程度。

（6）选用营养繁殖的、根系发达的大叶类型中国樱桃作砧木。

（七）樱桃流胶病

1.为害症状

患病树自春季开始，在枝干伤口处以及枝杈夹皮组织处溢泌树胶，流胶后，病部稍肿，皮层及木质部变褐色腐朽，腐生其他杂菌，导致树势日衰，严重时树干枯死。

2.发病规律

流胶病是樱桃的一种生理病害。多从6月份开始发生，采果后，随着雨季的到来，尤其是新梢停长后，经过长期干旱偶降大雨或大水漫灌时，流胶更重。土壤黏重、长期过于潮湿或积水均易引起流胶，偏施氮肥也易引起流胶。枝干病害、虫害、冻害、日烧及其他机械造成的伤口也易引起流胶。

3.防治方法

（1）选用抗病品种，红艳、美早、萨米特等抗病性强于红灯、佳红和巨红。

（2）选择适宜地点建园，樱桃适合在砂质壤土和壤土上栽培，既保水保肥，又通气透水，不适合在河滩地、低洼积水地、盐碱地、黏重土壤栽培，这些地容易引起根系衰弱、生长不良。

（3）施肥应以有机肥为主，化肥为辅，保持氮、磷、钾比例适当，施用过多的N素化肥，会导致树体旺长，枝条发育不充实，易发生流胶，同时施肥、中耕时要注意保护根系不受损害。

（4）合理灌溉排水，保持水分的均匀供应，樱桃树不耐涝，也怕干旱。水太多，根系通气性和吸收功能受影响，树体生长不良，水分不足，影响树体生长和果实膨大，尤其是久旱后遇大雨容易引起裂果和流胶病害的发生。雨季和低洼积水地注意开沟排水。

（5）同时要注意修剪应适度，修剪不宜过重，应以拉枝为主，减少伤口，过密枝条要及早疏除以便及时愈合，不宜疏除大枝，避免造成大的剪剧伤口导致树势衰弱，引起流胶。对放任生长树形紊乱的成年大树的改造，要分年度逐步疏除大枝，一般以早春萌芽以前为好，掌握好适时适量。另外，还要合理疏花果，以减轻树体负担。冬春季树干要进行刷白，预防冻害和日灼伤等。

（6）注意清除杂草和防虫害：加强对红颈天牛、桑白蚧等害虫的防治，减少虫伤危害树皮，从而降低发病率。

（7）对已发病的枝干及时彻底刮治，涂抹5波美度的石硫合剂，再在伤口涂保护剂如铅油或动物油脂或黄泥，伤口也可以用生石灰10份、石硫合剂1份、食盐2份、植物油0.3份加水调制成的保护剂进行涂抹。

## （八）枝干干腐病

### 1.为害症状

枝干干腐病多发生在枝龄较大的主干和主枝上。发病初期，病部微肿，表面湿润。病斑长形或不规则形，常渗出茶褐色黏液，俗称"冒油"。病部常仅限于皮层，衰老树上也可深达木质部。此后，病部逐渐干枯、凹陷，呈黑褐色，并出现较大裂缝。发病后期，病部表面生有大量梭形或近圆形的小黑点（分生孢子器或子囊壳）。

### 2.侵染规律

病原菌以菌丝体、分生孢子器和子囊壳等，在枝干的病组织内越冬，翌年4月间产生孢子，借风雨传播，经伤口或皮孔侵入。潜育期6～30天。温暖、多雨气候利于发病；高温时，发病受到抑制。枝干干腐菌为一种弱寄生菌，树势弱时，发病重。树龄较大、管理粗放时，易发病。

### 3.防治方法

（1）培育壮苗：苗圃不宜大水、大肥，尤其不能以速效氮肥催苗，以防苗木徒长，易遭冻害而发病。

（2）定植时要选用健壮苗，要施足底肥：栽植深度以嫁接口平于地面为宜。定植后要及时灌水并加强管理，尽量缩短缓苗期。运输幼树苗木时，要尽量避免造成伤口和失水干燥。出现伤口要用1%硫酸铜溶液或高锰酸钾溶液消毒保护，以减少病菌侵染机会。

（3）加强土、肥、水管理：增施有机肥并深翻改良土壤；改善排灌条件，做到旱时能灌，雨时能排；做好树体保护，防止冻害；另外，田间管理操作时要尽量避免各种机械伤口，以防诱发病害。

（4）结果园休眠期，结合修剪和清园，剪除并销毁各种病枝、虫枝或枯枝。

（5）尽早彻底刮治病斑：尽量在发病初期刮治。每年3月份及其前后是发现和刮治枝干病害的最佳时机，发现枝干异常部位或明显病部，就用锋利快刀削掉，并用药剂消毒和涂药多次保护。消毒或保护药剂均可选用3倍腐必清、树康原液、波美10度石硫合剂、1%硫酸铜液或

70% 甲基托布津可湿性粉剂 100 倍液、40% 福美胂可湿性粉剂 50 倍液等涂刷。该病本来就是顽症，有的病斑不是刮一次斑、涂几次药就能根治的，有时需重复刮治，必要时应将严重病枝截除。生长期一般不宜刮斑，可先用上述等药剂涂斑抑制病害，待休眠期再彻底刮治。对于老病斑一般在入冬后即可进行刮治。

（6）每年 3 月上旬樱桃树发芽前，对枝干普喷 1 次波美 3 ~ 5 度石硫合剂，或加 2% 五氯酚钠盐，以铲除越冬病虫，保护枝干。该项措施对枝干其他病虫害甚至对害螨、蚜虫、流胶等许多叶面病虫也有较好作用，应当把这项措施当作一项常规措施来加以坚持。另外，生长期常规喷药防治。

（九）樱桃褐腐病

1.为害症状

主要为害花和果实，引起花腐和果腐。发病初期，花

器渐变成褐色，直至干枯，后期病部形成一层灰褐色粉状物；从落花后 10 天幼果开始发病，果面上形成浅褐色小斑点，逐渐扩大为黑褐色病斑，幼果不软腐；成熟果发病，初期在果面产生浅褐色小斑点，迅速扩大，引起全果软腐。

**2.发病规律**

褐腐病菌主要以菌丝体在僵果、病枝梢上或地面越冬。在生长季经水、昆虫传播，从伤口和皮孔侵入。在开花期至幼果期遇低温、潮湿条件，易引起花腐或果腐。果实成熟期在高温、潮湿条件下易引起果腐。树势衰弱，枝叶过密，通风透光差易引起发病。

**3.防治方法**

（1）消灭越冬菌源，彻底清除病僵果、病枝，集中烧毁。结合果园翻耕，将僵果埋在 10 厘米土壤以下。

（2）发芽前喷 3 ~ 5 度石硫合剂。

（3）在初花期，落花后喷 50% 速克灵可湿性粉剂1000 倍液，或75% 百菌清可湿性粉剂 700倍液，或 20%井冈霉素可溶性 粉 剂 1000倍液，或 50%扑海因可湿性粉 剂 1000 倍

液，或 30% 甲霜·恶霉灵可湿性粉剂 1500 ~ 2000 倍液，或 70% 甲基硫菌灵可湿性粉剂 800 ~ 1000 倍液，或 65% 代森锌可湿性粉剂 500 倍液，或 50% 甲霜灵可湿性粉剂 1000 倍液，或 40% 隆利（施佳乐，嘧霉胺）可湿性粉剂 800 ~ 1000 倍液等。每隔 10 天再喷 2 次。

（4）在成熟前 30 天开始喷布 80% 烯酰吗啉 1000 ~ 1500 倍液，或 50% 甲霜灵 1000 倍液，或 50% 扑海因 1000 倍液等。也可以用 24% 氰苯唑（应得）2500 ~ 3000 倍液与 80% 代森锰锌（或大生 M-45）800 倍液交替使用。

樱桃褐腐病一旦发生，一定要及时防治，其果实受害自幼果到成熟均会发生，所以及时选用杀菌剂防治才是关键。

**（十）樱桃炭疽病**

**1.为害症状**

主要为害果实，也可为害叶片和枝梢。果实发病，常发生于硬核期前后，发病初期出现暗绿色小斑点，病斑扩大后呈圆形或椭圆形，逐渐扩展至整个果面，使整果变黑，收缩变形以致

枯萎。天气潮湿时,在病斑上长出橘红色小粒点。叶片受害,病斑呈灰白色或灰绿色近圆形病斑,病斑周围呈暗紫色,后期病斑中部产生黑色小粒点,呈同心轮纹排列。枝梢受害,病梢多向一侧弯曲,叶片萎蔫下垂,向正面纵卷成筒状。

2.发病规律

以菌丝体在枯死的病芽、枯枝、落叶痕及僵果等处越冬。第2年春季产生分生孢子,成为初侵染源,借风雨传播为害。发病潜育期在成熟果实上为2～4天,幼叶上为4天,老叶上则可长达3～4周。

3.防治方法

(1)冬季清园:结合冬季整枝修剪,彻底清除树上的枯枝、僵果、落果,集中烧毁,以减少越冬病源。

(2)加强果园管理:注意排水、通风、透光,降低湿度,增施磷、钾肥,提高植株抗病能力。

(3)萌芽前,喷施3～5波美度石硫合剂。落花后可选用下列药剂:75%肟菌·戊唑醇水分散粒剂3000～4000倍液,或46%氢氧化铜水分散粒剂1500～2000倍液,或20%苯甲·咪鲜胺微乳剂1000～2000倍液,或60%唑醚·代森联水分散粒剂1000～2000倍液,或12.5%氟环唑悬浮剂

2000～2400 倍液，或 42.4% 唑醚·氟酰胺悬浮剂（中等毒）2500～3500 倍液，或 70% 甲基硫菌灵可湿性粉剂 600～800 倍液，或 50% 多菌灵可湿性粉剂 600～1000 倍液，或 80% 代森锰锌可湿性粉剂 600～800 倍液，或 80% 福美双·福美锌可湿性粉剂 800～1000 倍液，或 10% 苯醚甲环唑水分散粒剂 1500～2000 倍液，或 40% 氟硅唑乳油 8000～10000 倍液，或 5% 己唑醇悬浮剂 800～1500 倍液，或 40% 腈菌唑水分散粒剂 6000～7000 倍液，或 45% 咪鲜胺乳油 800～1000 倍液，或 50% 咪鲜胺锰络化合物可湿性粉剂 1000～1500 倍液，或 6% 氯苯嘧啶醇可湿性粉剂 1000～1500 倍液等交替喷雾防治。间隔 5～7 天喷 1 次，连喷 2～3 次。

### （十一）樱桃病毒病

#### 1.为害症状

樱桃感染病毒病后，不仅影响树体生长，影响产量、品质，也影响树体的寿命。病毒引发的明显症状有：整株枝条节间缩短、丛枝；叶脉白化、失绿黄化、小叶、花叶、小叶皱缩、卷叶、叶

焦枯、枝干裂性溃疡、粗皮、小果等。

### 2.发病规律

樱桃病毒病害有近70种，但最主要的是核果坏死环斑病、矮缩病和樱桃小果病，可以单独浸染，但更多的是2种或多种复合侵染。病毒病常有隐症现象，温和性病毒单一侵染，而且气温较高、樱桃自身抗病性强时，一般不会表现症状，受害也轻。反之，如果是强株系或重合侵染，气温较低，加之植株抗病性差，症状会表现明显，为害也比较严重。樱桃病毒病的传染源主要有带毒土壤、种子、繁殖材料、昆虫和其他感病植物，传播途径有嫁接传播、昆虫传播、花粉传播、田间操作传播等。

### 3.防治方法

果树一旦感染病毒则不能治愈，因此只能采用预防的方法。

（1）先隔离病源和中间寄主：发现病株要铲除，以免传染。对于野生寄主（如国外报道的苦樱桃树）也要一并铲除。观赏的樱花是小果病毒的中间寄主，在甜樱桃栽培区也不要种植。

（2）防治和控制传毒媒介：①避免用带病毒的砧木和接穗来嫁接繁殖苗木，防止嫁接传毒；②不要用染毒树上的花粉来进行授粉；③不要用染毒树上的种子来培育实生砧木，因为种子也可能带毒；④要防治传毒的昆虫、线虫等，如粉蚧、绿盲蝽、蚜虫、叶螨、各类线虫等。

（3）栽植无病毒苗木，通过组织培养，利用茎尖繁殖，微体嫁接可以得到脱毒苗，要建立隔离区发展无病毒苗木，建成原种和良种圃繁殖体系，发展优质的无病毒苗木。

（4）加强田间管理，增施有机肥料，提高树体抗性。

# 二、虫　害

樱桃上的害虫主要有桑白蚧、刺蛾、红颈天牛、金龟子、梨小食心虫等。

## （一）红颈天牛

又名哈虫，属鞘翅目、天牛科，是为害樱桃枝干的重要害虫。

### 1.为害症状

以幼虫蛀食树干和大枝，幼虫先在皮下蛀食，后钻入木质部，深达树干中心，在枝干中心蛀成孔道，呈不规则形。在蛀孔外堆积有木屑状虫粪，易引起流胶，被害树长势衰弱，严重时可造成大枝甚至整株死亡。

### 2.发生规律

红颈天牛2～3年发生1代，以幼虫在树干的隧道内越冬。春季树液流动后越冬幼虫开始为害，4～6月间，老熟幼虫在隧道内以分泌物黏结粪便和木屑作茧化蛹，蛹期约20天。6～7月成虫羽化，刚羽化的成虫先在蛹室内停留 3 ~ 5 天，
然后钻出。一般多
在降雨后出现，喜
欢栖息于树干。成
虫白天活动，尤其
是中午前后更为常
见，可远距离飞行
寻找配偶和产卵
场所。成虫将卵产于主干和主枝基部的翘皮裂缝中，以
距地面 30 厘米范围内最多。每只雌性红颈天牛可产卵
40 ~ 50 粒。产卵时先将树皮咬一方形小口，然后将卵产
在裂口下。卵期 8 ~ 9 天。孵化幼虫蛀入皮层内，随虫体
增长逐渐深入蛀食。第一年幼虫多以 3 龄越冬，第二年继
续为害，6 月份前后为害最重。

### 3.防治方法

（1）树干涂白：成虫羽化前，
在枝干上涂刷用 10 份生石灰、1 份硫
黄、40 份水调制而成的白涂剂，防止
成虫产卵。

（2）人工挖除幼虫或捕捉成虫：
经常检查树干，发现新鲜虫粪时即用
刀将幼虫挖出。在成虫发生期内，利
用成虫中午多静伏在枝干上的习性进
行人工捕杀。

（3）熏杀幼虫：5 ~ 9 月间均可

进行，找到深入木质部的虫孔，用铁丝勾出虫粪，塞入 1克磷化铝药片，或塞入蘸敌敌畏的棉球后用泥将蛀孔堵死，可杀死深入木质部的老幼虫。虫口密度大时可用塑料薄膜将树干包扎严密，上下两头用绳扎紧，扎口处将粗皮刮平，扎口前放入磷化铝片，树干表面投放 50 克 / 平方米。磷化铝遇水放出磷化氢毒气，可以杀死皮内幼虫，一般皮层内及皮和木质间的幼虫均可杀死。

（4）刮皮去卵：对主枝、主干刮皮，刮去虫卵。也可利用主干涂白，防止成虫产卵。

（二）金缘吉丁虫

又叫串皮虫，属鞘翅目吉丁虫科。

1.为害症状

以幼虫蛀食樱桃树枝干，多在主枝和主干上的皮层下纵横窜食。

幼树受虫害部位树皮凹陷变黑，樱桃树被害状不甚明显，表皮稍下陷，敲击有空心声，由于树体输导组织被破坏引起树势逐渐衰弱，枝条枯死。被害枝上常有扁圆形羽化孔。

2.发生规律

一般 1 年发生 1 代，以老熟幼虫在被害部内越冬。越冬幼虫于3月下旬开始准备化蛹，先在枝干木质部做一个椭圆形蛹室，在蛹室内变成预蛹，预蛹期10天左右后变为蛹，蛹期15～30天。羽化的成虫因气温尚较低，都留在蛀道内。至5～6月间，成虫向外咬一扁圆形的通道孔爬出来取食树叶。成虫多在晴天中午前后，气温较高时活动，早晚和阴雨天静伏在叶背面，受惊扰即假死落地。羽化后10天左右开始产卵，寿命约30天。卵多产于树干或大枝粗皮裂缝中，以阳面居多。每雌虫可产20～40粒，卵期10天左右，6月下旬为孵化盛期。幼虫孵化后即蛀入皮层下为害，随虫龄增大，蛀食部位逐渐加深，可达韧皮部、形成层及木质部。虫粪粒细，塞满蛀道。

3.防治方法

（1）及时清除死树及死枝，减少虫源。

（2）人工捕杀成虫：从5月上旬在成虫发生期气温低、温度大的清晨，人工振落成虫捕杀，每隔2～3天1次，或用黑光灯诱杀。

（3）药剂防治成虫：在成虫发生期选择37%虫杀宝乳油1200倍液，1%甲维盐乳油1000倍液进行树上喷雾，防治成虫。

（4）人工消灭幼虫：越冬期间，刮除樱桃树主干和主枝上的粗皮裂缝，以消灭越冬幼虫。

（5）药剂防治幼虫：用煤油稀释50%敌敌畏乳剂20倍液，涂抹在幼虫虫道上面的树皮，以杀灭幼虫。

（三）苹果透翅蛾

又名潜皮虫、粗皮虫。

**1.为害症状**

以幼虫为害樱桃树树皮，幼虫一般在主干和主枝及分叉处或伤口附近皮层中蛀食，樱桃树被害处常有似烟油状的红色粪屑及树枝黏液流出，伤口处容易感染樱桃树腐烂病菌，引起溃烂。苹果透翅蛾幼虫仅在树干的韧皮部和木质部之间为害，不蛀入木质

部。在韧皮部和木质部处，蛀成不规则的隧道，轻者削弱树势，易引发其他病害，重者枝条或全株死亡。

**2.发生规律**

此虫每年发生一代，以幼虫在皮层内越冬，翌年4月上旬开始继续扩大为害，被害部位有红褐色粪便排出。幼虫6月上旬至7月上旬老熟，老熟幼虫在化蛹前先咬一个圆形的羽化孔，但不咬破表皮，然后吐丝缀粪便，以木屑作茧化蛹，蛹期两个星期左右。6月上旬至7月下旬，是成虫发生盛期，成虫羽化后，将蛹壳带出一部分，露于羽化孔外。成虫白天活动，产卵于树干或大枝缝隙内，每次仅产卵一粒。7月幼虫孵化蛀入皮层为害，随幼虫生长，使为害部位逐渐扩大。9月中旬以后，开始停止取食。

### 3.防治方法

（1）加强栽培管理，增强树势，避免造成伤口，以减少成虫产卵的机会。

（2）樱桃生长季节，发现幼虫为害时，用快刀刮除被害处的树皮，挖出其中的幼虫。

（3）药剂防治：①为了不伤害树皮，也可在被害处用80%敌敌畏乳油100倍液，或用煤油加药剂涂抹，能消灭树皮浅层的幼虫；②成虫发生期，往树干上喷20%氰戊菊酯乳油2000倍液，能消灭成虫和卵。

### （四）梨小食心虫

#### 1.为害症状

主要为害樱桃嫩梢，有时也为害晚熟樱桃果实。为害新梢先端，幼虫多从新梢顶端叶片的叶柄基部蛀入髓腔取食，向下蛀至木质化处即转移，蛀孔外有虫粪排出和胶体流出，受害新梢及叶片逐渐干枯死亡。为害果实时，入孔口较大，造成果实腐烂。

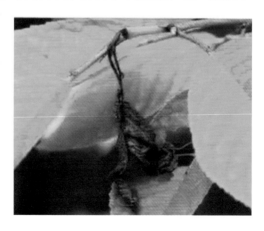

#### 2.发生规律

一般1年发生3～4代。越冬代成虫出现期，一般为3月下旬至5月下旬，但因气温高低也有提前或推后，以后各代交叉不齐。越冬老熟幼虫多在树干基部接近地面和树干与较粗主枝背面翘皮下做茧。早春成虫羽化后产卵于樱桃叶的背面，每叶多为 1 ~ 2 粒卵，卵期一般 4 ~ 6 天，5 月中旬孵化为幼虫为害樱桃梢，被害樱桃梢先端枯萎。幼虫 5 月底即老熟，从枝梢及果实脱出，进行化蛹做茧越冬。6 月中旬出现第二批成虫，产卵继续为害嫩梢和果实，此代幼虫主要为害樱桃晚熟品种的果实。为害嫩梢的，多为越冬代幼虫的 3 ~ 4 代幼虫。

### 3.防治方法

（1）越冬前在树干上绑草把，诱集老熟幼虫，第 2 年春天解除草把烧毁。

（2）及时清除病枝、落果，结合果园耕翻施肥，以破坏梨小食心虫幼虫的越冬场所，早春刮老翘皮，减少虫口基数。

（3）在成虫发生期夜间用黑光灯，或用频振式杀虫灯诱杀，或在树冠内挂糖醋液盆诱杀，糖醋液配制比例，红糖 5 份，醋 20 份，水 80 份。于 4 ~ 6 月每 50 ~ 100 平方米设一性诱剂诱捕器诱杀成虫。

（4）幼虫刚蛀入新梢尚未转移之前，及时彻底剪除被害虫梢烧毁。

（5）4月上、中旬，在果园内悬挂性信息素诱杀害虫，降低种群数量，减少产卵量。当性诱捕器上出现雄成虫高峰后，可进行化学防治，喷施20%甲氰菊酯乳油2000～3000倍液，或2.5%高效氯氟氰菊酯乳油2500倍液，或20.0%速灭杀丁乳油2000倍液等。每隔10～15天喷施1次。

### （五）绿盲蝽

#### 1.为害症状

以若虫和成虫刺吸樱桃的幼芽、嫩叶、花蕾及幼果的汁液，被害叶芽最初出现失绿斑点，随着叶片的伸展，小点逐渐变为

不规则的孔洞，俗称"破叶病""破天窗"。花蕾受害后，停止发育，枯死脱落。樱桃幼果被害后，由吸吮口溢出红褐色胶状物，以后被害果以吸吮孔为中心，开始形成表面凹凸不平的木栓组织，状似果点爆裂，随果实膨大成熟，形成锈疤或硬斑。

#### 2.发生规律

1年发生4～5代，以卵在樱桃树顶芽鳞片内和果园内水分含量较高的植物组织内部越冬。翌年4月上旬冬卵

开始孵化，先为害越冬不落叶植物的幼嫩梢叶，4月下旬是若虫盛发期，随越冬寄主植物的老化，大批2～3龄若虫迁徙到樱桃上为害幼嫩的梢叶。5月上、中旬开始羽化为成虫，5月中旬进入成虫羽化盛期，进入5月下旬后，随新梢老化，成虫开始迁徙到附近组织幼嫩的植物上为害并在此产卵。以后在园内寄主上为害繁殖3～4代，最后一代于9月中旬开始羽化成虫，10月上旬进入成虫羽化盛期，部分成虫开始迁移至果园内，在寄主上为害，并产卵越冬，10月中旬进入产卵盛期，到11月中旬成虫死亡。越冬代成为翌年的虫源。

**3.防治方法**

（1）消灭越冬卵：冬前或早春清理果园，清除园内及周围的杂草，结合施基肥和冬刨深埋地下，可消灭寄主上的越冬卵。

（2）药剂防治：4月中、下旬（避开花期）在杂草及树上喷布5.7%百树菊酯乳油2000倍液，或3.0%甲维盐乳油2000～3000倍液，或10%吡虫啉可湿性粉剂1000～2000倍液，或4.5%氯氰菊酯乳油1500～2000倍液，4.5%高效氯氰菊酯乳油1500～2000倍液，或5.0%啶虫脒乳油1000～1500倍液等杀死虫卵。

**（六）桑白蚧**

属同翅目盾蚧科，又名桃白蚧、桑盾蚧等。

**1.为害症状**

以雌成虫和若虫聚集在主干和侧枝上，以针状口器刺吸汁液为害。2～3年生主干和侧枝为害较重，被害处稍凹陷，严重时整个枝干被白色介壳或白色絮状蛹壳包被，呈灰白色。受害枝条皮层干缩松动，枝条发育不良，造成整枝枯死，树势衰弱。

2.发生规律

1年发生3代，以成熟孕卵的雌成虫越冬。翌年4月中旬～5月上旬产卵于介壳中的母体下方或后方。小若虫孵出后，从盾壳下爬出，分散到枝条、芽腋及叶柄处定居取食，足失去作用不再爬动。1、2、3代若虫的出现期分别在5月、7月、8月和9月。雌虫2龄时形成介壳，经过3次脱皮变为成虫，卵产于介壳之下，卵量百粒左右。雄若虫只经2次脱皮就化蛹。雄成虫口器退化不取食。

3.防治方法

（1）发芽前喷3～5波美度石硫合剂或5%柴油乳剂。结合修剪，剪除有虫枝条，或用硬毛刷刷除越冬成虫。

（2）若虫孵化期喷药防治：可喷施25%扑虱灵可湿性粉剂1500～2000倍液，或20%杀灭菊酯乳油2500～3000倍液。采收后可喷布28%蚧宝乳油1000倍液，或40%速蚧杀乳油1000倍液防治，或40%速灭蚧

1000 倍液，40% 毒死蜱乳油 800 倍液，或 40% 杀扑磷乳油 1000 倍液等。

## （七）草履蚧

### 1.为害症状

以雌成虫及若虫群集于樱桃嫩枝上吸食汁液，刺吸嫩芽、叶片和果实，导致树势衰弱，发芽推迟，叶片变黄，降低果实产量和品质。严重时引起早期落叶、落果，甚至枝梢或整枝枯死。

### 2.发生规律

1 年发生 1 代，以卵在树干基部的土壤中越冬，翌年 2 月上旬至 3 月上旬孵化。樱桃树萌芽时，上树聚集为害嫩枝和嫩芽，虫体分泌蜡粉，雄若虫蜕皮 2 次后，集中在根际土壤中，或老树皮裂缝中化蛹。雌若虫经 3 次蜕皮后，变为成虫。雌雄交配后，雄虫死去。5 月下旬至 6 月上旬，雌虫开始下树入土，先分泌白色棉絮状卵囊，卵产于其中，越夏并越冬。

3.防治方法

（1）秋冬季结合翻树盘、施肥等，剪除被害虫枝，铲除树下土壤中、杂草等处的若虫及卵，集中深埋或烧毁。

（2）若虫开始上树之前，在树干高 65 厘米处刮去一圈老粗皮，涂上宽约 10 厘米的黏虫胶，阻杀上树的成虫和若虫。

（3）发芽前全园喷布 3 ~ 5 波美度石硫合剂或 5% 柴油乳剂。

（4）药剂防治：4 月中旬第 1 代卵孵化盛期和 8 月上旬第 2 代卵孵化盛期是药剂防治的关键时期，可选用 50% 稻丰散乳油 1500 ~ 2000 倍液 +50% 噻嗪酮悬浮剂

2000 ~ 3000 倍液，25% 噻虫嗪悬浮剂 1000 ~ 1500 倍液 +25% 噻嗪酮可湿性粉剂 1000 ~ 1500 倍液，或 4% 阿维菌素乳油 2000 倍液等，每 7 ~ 10 天 1 次，连喷 2 ~ 3 次。采果后用 40% 毒死蜱乳油 800 倍液 +40% 杀扑磷乳油 1000 倍液 +25% 噻嗪酮可湿性粉剂 1000 ~ 1500 倍液进行清园。

### （八）朝鲜球坚蚧

#### 1.为害症状

以若虫和雌成虫固定在枝条和叶片上吸食汁液，体背附有高粱粒大小的紫红色介壳，严重时介壳累累，影响开花、坐果和树体发育。严重时造成枯枝或全株死亡。

#### 2.发生规律

一年发生1代，以2龄若虫在枝条原固着为害处越冬，虫体上覆有白色蜡质物。翌年3月上、中旬，越冬若虫爬动，另找适当场所固着为害，并分化为雌雄两性。雌虫交配后迅速膨大呈半球形。雄虫分泌白色蜡质覆盖，并开始化蛹，4月下旬羽化，与雌虫交尾后不久即死去。5月下旬至6月下旬雌虫产卵后，虫体逐渐干缩，壳内充满卵粒。7天左右卵孵化，小若虫爬行1~2天后固定在枝条上为害，9~10月蜕一次皮后越冬。

#### 3.防治方法

（1）冬春季节结合冬剪，剪除有虫枝条并集中烧毁。也可在3月上旬至4月下旬，即越冬幼虫从白色蜡壳中爬出后到雌虫产卵而未孵化时，用草团或抹布等擦除越冬雌虫，并注意保护天敌。

（2）药剂防治。

①早春防治：在发芽前结合防治其他病虫，先喷 1 次 3 ~ 5 波美度石硫合剂，或 40% 毒死蜱乳油 800 倍液 +50% 噻嗪酮可湿性粉剂 1000 倍液，然后在樱桃萌芽后至花蕾露白期间，即越冬幼虫自蜡壳爬出 40% 左右并转移时，再喷 1 次 25% 噻虫嗪 2000 ~ 3000 倍液，或 2.5% 溴氰菊酯乳油 1500 ~ 2000 倍液等，喷药最迟在雌壳变硬前进行。或喷 95% 机油乳油 400 ~ 600 倍液，或 50% 稻丰散乳油 1500 ~ 2000 倍液，或 3.5% 煤焦油乳油 200 倍液等。

②若虫孵化期防治：在 6 月上、中旬连续喷药 2 次，第一次在孵化出 30% 左右时，第二次与第一次间隔 1 周。可用 20% 甲氰菊酯乳油 1000 倍液、25% 溴氰菊酯乳油 1000 ~ 1500 倍液，防治效果均较好。上述药剂中加 1% 的中性洗衣粉可提高防治效果。

（九）苹小卷叶蛾

1.为害症状

低龄幼虫取食嫩叶、嫩芽，被害严重时芽枯死，轻者残缺不全，影响开花、展叶和坐果。稍大后多卷叶、

平叠叶片形成虫苞，在内取食叶肉，啃噬叶片成网状。坐果后，可将叶片缀贴在果面，幼虫啃食果皮、果肉，被害部呈不规则片状坑洼，降低果实的商品价值。

### 2.发生规律

苹小卷叶蛾1年发生3代，以幼虫在枝干的粗皮裂缝、剪锯口、翘皮、或草绳、落叶等处作白色小茧越冬，次年4月，越冬幼虫开始出蛰，4月下旬为出蛰盛期，5月上旬全部出蛰。幼虫出蛰后，爬到新梢上卷叶为害，5月中旬越冬代幼虫开始化蛹，蛹期8～11天，5月底至6月初，越冬代成虫开始羽化，6月中旬为羽化盛期，产卵在叶片上，卵期7天左右，7月上旬，第一代幼虫已全部孵化，幼虫极活泼，一经触动就迅速倒退或吐丝下垂，刚孵化的幼虫，吐丝把两片树叶缀连黏和在一起，在里面食叶肉。7月中下旬至8月下旬，第二代幼虫孵化，8月下旬至9月初开始羽化，9月中旬为羽化盛期，成虫出现后2～3天产卵，可持续1～2天，卵期6～10天，幼虫期18～26天，这代幼虫为害不久，即开始作茧越冬。

### 3.防治方法

（1）搞好冬春清园，消灭越冬虫源：在樱桃休眠期，结合冬剪和春季管理，彻底剪除树上的枯枝，刮除树体粗老翘皮，清除田间残枝落叶，全部集中烧毁。越冬幼虫出蛰前，用杀虫剂涂抹剪锯口、枝杈等处进行早期防治。

（2）摘除卷叶虫苞，减轻幼虫为害：现代樱桃管理多采取周年修剪技术，而且该虫为害所形成的虫苞、卷叶目标明显，容易识别和发现。在各代幼虫发生期，可结合春夏季节拉枝、修剪、摘心、扭梢等操作，随时摘除虫苞和卷叶，即可有效地减轻幼虫为害，保证树体正常生长，同时还可大大减少防治用药，节省成本，保证产品质量安全。

（3）突出关键时期，搞好药剂防治：

①掌握好用药时间：提倡早治，突出早防，将传统的幼虫期防治调整为卵盛期或卵孵化盛期用药，最好在幼虫卷叶为害之前。最佳防治时期为4月中、下旬出蛰盛期和5月下旬至6月上旬第一代卵盛期或卵孵化盛期。

②两次用药，防前治后：由于受小气候和立地环境影响，虫害发生有早有晚，虫态不齐，1次用药很难奏效。所以，每个关键防治时期最好用药2次，第一次用药后5~7天再喷1次。

③选择高效低毒，符合食品质量安全，兼有触杀、胃毒作用，残效期相对较短的无公害药剂。常用的药剂有：1%甲维盐乳油1000~1200倍液，或1%苦参碱虫螨全杀2000~2500倍液，或24%甲氧虫酰肼4000~5000倍液，或30%灭幼脲3000倍，或24%美满悬浮剂3000~4000倍液，或2.5%菜喜1000~1500倍液，或5%美除1000~2000倍液等。为延缓抗药性产生，药剂应交替使用。

④注意喷药质量：喷药保证喷匀、喷透，药液全面覆盖。同时，在药液中适当添加其他助剂（如有机硅、酒精等），以增强药液的展布性和渗透性。

### （十）舟形毛虫

#### 1.为害症状

舟形毛虫的初孵幼虫常群集为害，一般小幼虫啃食樱桃树叶，仅留下表皮和叶脉呈网状，幼虫长大后多分散为害，但往往是一个枝的叶片被吃光，老幼虫吃光叶片和叶脉而仅留下叶柄。一般一棵樱桃树上有 1～2 窝舟形毛虫就能将全树的叶吃光，致使被害枝秋季萌发。

#### 2.发生规律

每年发生 1 代，以蛹在寄主根部附近约 7 厘米深处土层内越冬，翌年 7 月上旬至 8 月中旬羽化出成虫，7 月中旬为羽化盛期，成虫昼伏夜出，具较强趋光性，交尾后 1～3 天产卵，卵多产在叶背面，每头雌蛾产卵 1～3 块，平均产卵 300 粒，最多者可达 600 粒以上，卵期 7～8 天。3 龄以前的幼虫群集在叶背为害，早晚及夜间取食，群集静止的幼虫沿叶缘整齐排列，且头尾上翘，遇振动或惊扰则成群吐丝下垂，3 龄以后逐渐分散成小群取食，白天多停息在叶柄上，老熟幼虫受惊扰后不再吐丝下垂。幼虫在 4 龄前食量较少，5 龄剧增，9 月份幼虫老熟后陆续沿树干爬下树，入土化蛹越冬。

**3.防治方法**

（1）结合秋翻地或春刨树盘，使越冬蛹暴露地面失水而死。

（2）在7月中、下旬至8月上旬，利用初孵幼虫栖居一起为害的习性，幼虫尚未分散之前，巡回检查，及时剪除群居幼虫的枝和叶，将群栖幼虫杀死。幼虫扩散后，利用其受惊吐丝下垂的习性，振动有虫树枝，收集消灭落地幼虫。

（3）利用成虫趋光性，夜晚用黑光灯或频振式杀虫灯诱杀之。

（4）在幼虫3龄以前，可均匀喷施下列药剂：30%桃小灵乳油2000倍液，或25%硫双威可湿性粉剂1000倍液；或20%速灭杀丁乳油1000～1500倍液，或20%甲氰菊酯乳油2500～3000倍液，或20%氰戊菊酯乳油2000～2500倍液，或10%联苯菊酯乳油1500～2000倍液等。

（十一）桃小叶蝉

又名一点叶蝉、樱桃浮尘子。

**1.为害症状**

成虫、若虫群集于叶片上吸食汁液，被害叶初期叶面出现黄白斑点形成花叶，严重时斑点相连成片变成苍白色，引起整树叶片在秋季提早非正常脱落。成虫、若虫同时也吸食芽、枝梢的汁液，整体受害后会引起部分花芽当年秋季开放，减少翌年结果。

### 2.发生规律

以成虫在落叶、树皮缝、杂草中越冬。1年发生4～6代，第1代成虫开始发生于6月初，第2代7月上旬，第3代8月中旬，第4代9月上旬，因发生期不

桃一点叶蝉成虫

整齐从而导致世代重叠，平均气温在15～25℃适合其生长发育，28℃以上及遭遇连天阴雨、台风等天气虫口密度下降。翌年3、4月间樱桃发芽后出蛰，飞到树上刺吸汁液，经取食积累营养后交尾产卵，卵多产在新梢或叶片主脉里，一雌虫生产卵46～165粒。成、若虫喜白天活动，在叶背刺吸汁液或栖息，喜群集于叶背面吸食为害，受惊时很快横行爬动。据调查，5月下旬、9月上旬两个时期是桃小叶蝉为害的高峰期，9月上旬刚好是第4、5代小绿叶蝉的盛发高峰，发生量大，繁殖速度快，受害重。

### 3.防治方法

（1）彻底清除落叶，铲除杂草，集中烧毁，消灭越冬成虫。成虫出蛰前及时刮除翘皮，清除落叶及杂草，减少越冬虫源。

（2）加强肥水管理，增强树势。及时浇水，不偏施氮肥，施三元复合肥，氮、磷、钾比例为1：0.5：1；10月下旬株施有机肥50～80千克或菜籽饼2～4千克。

（3）采用频振式杀虫灯诱杀成虫：利用成虫的趋光性，在夜间利用灯光诱杀成虫，频振式杀虫灯具有可诱杀虫源广，安全、无农药污染等优点。在通电条件便利的樱桃园，可采用频振式杀虫灯进行诱杀成虫，每2公顷设1盏，挂在高于树顶0.5～1米处，隔几日收集1次虫体，集中烧毁。

（4）采用黄板诱杀成虫：利用成虫趋黄色的特性，成虫出现后在田间插上黄板，涂上机油，粘杀成虫。每亩放置黄板20～30块为宜，每10～15天更换1次，统一收集虫体，集中烧毁。

（5）化学防治：

①防治时间：适时喷药是保证防效的关键，以全年来讲，要主抓第1代的防治，因为第1代发生时间相对整齐，世代重叠现象轻，防治相对容易，降低虫口密度后，能有效地减轻后几代的发生数量。各代若虫孵化盛期是喷药防治的适期。

②联合防治：根据桃小绿叶蝉成虫能迁飞，活动范围广，同类寄主植物种类多的特性，发生严重的年份要进行联合防治，同一地界连片果园防治要做到统一时间、统一用药，园间杂草及旁边的同类寄主植物都要喷药到

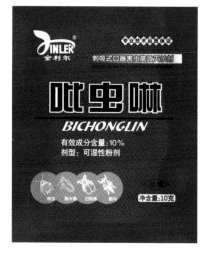

位。由于主人外出打工、经商等原因造成的失管果园要及时进行代管代治，不留死角。严重的果园喷药后间隔 7 日持续防治 2～3 次。同时根据我州果农 9 月因中、早熟品种采收完毕放松对樱桃园管理的特点，要及时进行宣传防治，减少损失。

③防治药剂：在防治适期可采用 25% 扑虱灵可湿性粉剂 1500 倍液，或 10% 吡虫啉（一遍净）水分散粒剂 1000～1500 倍液，或 20% 叶蝉散（灭扑威）乳油 800～1000 倍液，或 20% 灭扫利乳油 1500～2000 倍液，或 25% 速灭威可湿性粉剂 600～800 倍液，或 2.5% 溴氰菊酯（敌杀死）乳油 1500～2000 倍液，或 2.5% 氯氟氰菊酯（功夫）乳油 1500～2000 倍液等进行喷雾防治。

（十二）大青叶蝉

又名大绿浮尘子。

**1.为害症状**

以成虫和若虫刺吸寄主的枝、梢和叶片汁液。幼虫叮吸枝叶的汁液，引起叶色变黄，提早落叶，削弱树势。成虫产卵在枝条树皮内，使枝条遍体鳞伤，大量失水，引起抽条或冻害，导致枝条死亡，严重时，会使幼树整株死亡。

**2.发生规律**

每年发生3代，前2代主要为害杂草和玉米、高粱、蔬菜等作物，第三代成虫10～11月间在幼龄樱桃或其他果树、林木的树干或苗木上产卵越冬。产卵时，产卵器划破树皮，造成新月形伤口，产卵7～8粒，斜竖其中，伤痕隆起。严重时树干上伤痕累累，遍体鳞伤，使幼树或苗木易受冻害，失水干枯。

**3.防治方法**

（1）彻底清除果园内外和苗圃地的杂草，减少为害和繁殖场所。

（2）10月中旬在大青叶蝉成虫产卵前，主干上刷白涂剂，可阻止成虫产卵。

（3）人工挤压，消灭隆起的越冬卵。

（4）在成虫发生期，设置黑光灯诱杀。

（5）发生数量大时，于成虫产卵前喷20%灭扫利乳油1500～2000倍液，或10%吡虫啉可湿性粉剂1000～1500倍液，或20%氰氰菊酯乳油1000～2000倍液等。隔10天喷1次，连喷2～3次。

**（十三）金龟子类**

为害樱桃的主要有苹毛金龟子、铜绿金龟子和黑绒金龟子。

**1.为害症状**

金龟子类害虫在4月上、中旬为出土盛期，集中为害樱桃花蕾和嫩芽，在气温低时，白天为害；气温高时，傍晚或夜间为害，对樱桃树的开花、坐果和幼树生长造成很大威胁。在6～7月份是金龟子类害虫的为害盛期，暴食叶片，食量大，为害严重。如发生严重时常将樱桃花器或嫩叶吃光，影响樱桃的产量和树势。特别是铜绿金龟子，以成虫咬食果树叶片，严重时可将叶片吃光，仅剩叶脉和叶柄，尤其对幼龄果树造成的为害更大。在8～9月份，金龟子类害虫又会群集为害樱桃果实，被害果实完全失去食用或商品价值。有的幼虫还为害根系。

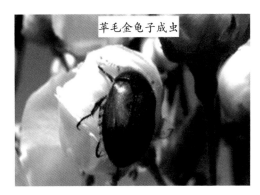

苹毛金龟子成虫

铜绿金龟子

黑绒金龟子

2.发生规律

（1）苹毛金龟子：1年发生1代，以成虫在土壤的蛹室内越冬。翌年4月上、中旬樱桃萌芽时，越冬成虫开始出蛰，先在园周围的榆树和柳树上为害。樱桃花期，转移到樱桃树上啃食花蕾和花朵。发生严重时，会将花和嫩叶全部吃光。成虫白天活动，中

金龟子成虫及幼虫

午前后取食最盛。有假死性，无趋光性，成虫为害按树种的开花顺序，依次由樱桃向梨和苹果树上转移。苹果谢花后，开始入土产卵。幼虫孵化后，取食根茎，秋季化蛹，成虫羽化后，当年不出土，在蛹室内越冬。

（2）铜绿金龟子：1年发生1代。以幼虫在土内越冬，于4月底5月初作土室化蛹，6月上、中旬出现成虫，在7～8月份为害樱桃的叶片。成虫多在夜间活动，对樱桃树特别是幼树危害最重，中午群集在枝梢上为害树叶，被害树叶片残缺不全，甚至仅留下叶柄，根被咬断、吃光，10月上、中旬开始越冬。成虫有假死习性，对黑光灯有强烈趋光性。

（3）黑绒金龟子：1年发生1代，以成虫在土壤内越冬。越冬成虫于3月下旬至4月上旬开始出土，4月中旬为出土高峰，6月份出土结束。出土后，先在发芽早的杂草或杨、柳、榆树上取食幼芽和嫩叶。樱桃树发芽后，大量转移到樱桃树上，咬食幼芽、嫩叶和花蕾。成虫在傍晚和夜间活动，有趋光性和假死性。谢花后，开始入土产

卵。幼虫孵化后，在地下取食樱桃根系，潜伏土中越冬。

3.防治方法

（1）在成虫大量发生时期，利用其假死习性，在早晨或傍晚时人工震动树枝、枝干，把落到地上的成虫集中起来，进行人工捕杀。

（2）金龟子成虫大量发生时，利用其趋光性，架设黑光灯诱杀成虫。

（3）糖醋液诱杀：用红糖5份、醋20份、白酒2份、水80份，在金龟子成虫发生期间，将配好的糖醋液装入罐头瓶内，每亩挂10～15个糖醋液瓶，诱引金龟子飞入瓶中，倒出集中杀灭。

（4）水坑诱杀：在金龟子成虫发生期间，在树行间挖一个长80厘米、宽60厘米、深30厘米的坑，坑内铺上完整无漏水的塑料布，做成一个人工防渗水坑，坑内倒满清水。夜间坑里的清水光反射较为明亮，利用金龟子喜光的特性，引诱其飞入水坑中淹死。每亩挖6～8个水坑即可。

（5）药剂防治：避开开花期，树上喷布4.5%高效氯氰菊酯乳油1000倍液，或30%桃小灵乳油2000倍液，或20%氰戊菊酯乳油1500～2000倍液等防治。

（6）成虫出土前，地面撒施5%辛硫磷颗粒剂，每亩撒施2千克，撒后，浅锄地面，毒杀出土成虫或初孵幼虫。

### （十四）樱桃果蝇

#### 1.为害症状

主要为害樱桃果实，雌成虫将卵产于樱桃果皮下，孵化后，幼虫先在果实表层取食，而后向果心蛀食，受害果实逐渐软化、变褐、腐烂。幼虫发育老熟后咬破果皮脱果，脱果孔约1毫米大小。中、晚熟品种较早熟品种更易受害。

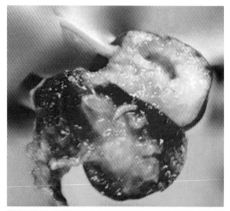

#### 2.发生规律

1年发生10代左右。以蛹在土壤内1～3厘米处、烂果上或果壳内越冬。翌年4月中旬气温较高时出现很多成虫，4

月下旬开始，成虫在樱桃果实上产卵，5月上、中旬樱桃已经大量成熟，此期间为害盛期，一般在春季低温多雨年份或管理粗放的果园发生较重。幼虫孵化后在果实内蛀食5～6天，进入老龄幼虫后脱果落地化蛹。蛹羽化为成虫后继续产卵产生下一代。樱桃采收后，果蝇便转向相继成熟的桃子、葡萄、梨、苹果、枣子、枇杷等果实或烂果实

上进一步进行为害。11 月下旬至 12 月初果蝇成虫在田间消失，以蛹在越冬场所越冬。果蝇成虫为舔吸式口器，主要以舔吸生果汁液为食，对发酵果汁和糖醋液等有较强的趋向性。成虫飞行距离较短，多在背阴和弱光处活动，多数时间都栖息于杂草丛生的湿润地里。

3.防治方法

（1）及时清除果园内杂草，减少果蝇藏匿场所，清除落果、裂果、病虫果及残次果，送出园外集中深埋或用 40% 毒死蜱乳油 500 倍液喷雾处理，避免孵化出的成虫返回果园为害果实。

（2）使用糖醋液等诱杀果蝇成虫：在樱桃成熟前 6～10 天，果蝇成虫在田间活动频繁时，即 4 月 10～13 日，在田间悬挂糖醋液。具体方法：按糖：醋：果酒：橙汁：水 =1.5：1：1：1：10 的份额制造糖醋液，将制造好的糖醋液，盛入口径约 20 厘米、深约 8 厘米的塑料盆中，每盆 500～650 毫升，盆口上方装防雨盖或安置防雨塑料布，悬挂于树阴处，每亩放置 10～16 盆，大都悬挂于接近地面处，少数悬挂于距地面 1.2～1.6 米处。每隔 1 周补 1 次诱杀液，让其始终保持原浓度。也可悬挂专用果蝇诱剂。

（3）黏虫黄板诱杀，每亩挂 20～30 块。

（4）4 月下旬至 5 月上旬，用 1.8% 阿维菌素乳油 1500 倍液，或 0.6% 苦参碱水剂 1000 倍液，或 6.0% 乙基多杀菌素水分散粒剂 1500 倍液，或 10% 高效氯氟氰菊酯可湿性粉剂 1000～2000 倍液，或 4.5% 高效氯氰菊酯乳油 1000 ～ 1500 倍液喷果园及周边地面，降低虫口密度，压低果蝇基数。喷施药液中参加制造好的 1% 的糖醋液，喷施时每株树要重点喷施内膛部分。果实采收后，用 1% 甲氨基阿维菌素苯甲酸盐乳油 3000 倍液，或 40% 氯吡硫磷乳油 1500 倍液等对树体，尤其是树冠内膛进行喷雾，减少第 2 年园内果蝇的发生及为害。

### （十五）二斑叶螨

#### 1.为害症状

主要为害叶片，初期在叶脉附近出现失绿斑点，随着虫口密度增大，叶片大面积失绿，叶片上结一层丝网，发病严重时，叶片脱落，树势衰弱。

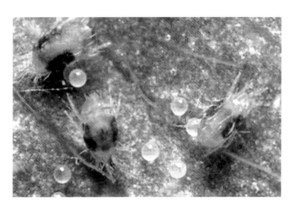

#### 2.发生规律

1 年发生 8 ～ 10 代，世代重叠现象明显。以雌成螨在土缝、枯枝、翘皮、落叶中或杂草宿根、叶腋间越冬。当日平均气温达 10℃时开始出蛰，温度达 20℃以上时，繁殖速度加快，达 27℃以上时，干旱、少雨条件下为害猖獗。二斑叶螨为害期是在采果前后，8 月份发生为害严重。从卵到成螨的发育，历期仅为 7 ～ 8 天。成螨产卵于叶片背面。幼螨、若螨孵化后即可刺吸叶片汁液，虫口密度大时，成螨有吐丝结网的习性，成螨在丝网上爬行。

### 3.防治方法

（1）及时清除果园内杂草、枯枝落叶，集中深埋或烧毁，减少二斑叶螨的越冬场所，剪除树根萌蘖，刮除树干老皮、翘皮。

（2）早春时喷洒3～5波美度石硫合剂，消灭越冬雌虫。

（3）谢花后喷施20%螨死净乳油1500倍液，生长季节喷施2%阿维菌素乳油2000倍液，或22%阿维·螺螨酯悬浮剂1500～2000倍液，或25%三唑锡可湿性粉剂1500倍液，或20%哒螨灵乳油2000倍液，或

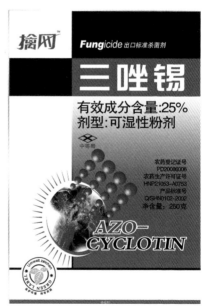

5%霸螨灵乳油 2500 倍液。无论是哪种药剂，都必须将药液均匀的喷到叶背、叶面及枝干上。发生严重时，每隔 10 ~ 15 天喷施 1 次，连续喷施 2 ~ 3 次。

（十六）山楂叶螨

1.为害症状

以成螨、幼螨、若螨吸食樱桃芽、叶片的汁液。被害叶初期出现灰白色失绿斑点，其上易结丝网，逐渐变成褐色。发病严重时，叶片出现大面积枯斑，全叶灰褐色，枯萎脱落。山楂叶螨越冬基数过大，刚萌动的嫩芽被害后，流出红棕色的汁液，该芽生长不良，甚至枯死。

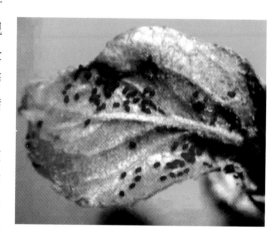

2.发生规律

1 年发生 6 ~ 9 代，以受精的雌成螨在枝干老翘皮下及根颈下土缝中越冬。在樱桃花芽膨大期开始出蛰，至花序伸出期到达出蛰盛期，初花至盛花期是产卵盛期。落花后 1 周左右为第一代孵化盛期。第二代以后发生世代重叠现象。果实采收后至 8 ~ 9 月份是全年为害最严重时期。至 9 月中、下旬出现越冬型雌成螨。不久潜伏越冬。

山楂叶螨常以小群栖息在叶背为害，以中脉两侧近叶柄处最多。成螨有吐丝结网习性，卵产在丝上。卵期在春季为10天左右，夏季为5天左右。干旱年发生严重。

### 3.防治方法

（1）樱桃发芽前，刮掉树上翘皮，带出园外深埋。晚秋，在树干上绑草把或纸质诱虫带，诱集害螨越冬，冬季结合清园解下烧掉。秋、冬季樱桃树全部落叶后，彻底清扫果园内落叶、杂草，集中深埋或投入沼气池。结合施基肥和深耕翻土，消灭越冬成螨。

（2）果园生草，为天敌提供栖息场所，增加天敌的种类、数量，降低叶螨密度。

（3）药剂防治：花芽萌动初期，用3～5波美度石硫合剂或机油乳剂50倍液喷洒枝干。花序伸出期喷布24%螨威多悬浮剂2000～3000倍液。落花后，每隔5天左右进行1次螨情调查，平均每叶有成螨1～2头及时喷药防治，可选用10%吡螨胺乳油2000～3000倍液，或35%苯硫威乳油600～800倍液，或5%哒螨灵悬浮剂1000～1500倍液防治，或可选用5%甲氨基阿维菌素苯甲酸盐4000倍液等进行喷雾防治。

# 参考文献

［1］辽宁省科学技术协会.樱桃丰产栽培新技术［M］.辽宁科学技术出版社，2010.

［2］樱桃栽培技术［M］.百度文库.专业资料.农林牧渔.农学.2012.

［3］樱桃树的栽培技术［M］.国家林业局，2020.

［4］樱桃的繁殖技术［M］.农视网，2016.

［5］樱桃春季栽培管理技术要点［M］.中华人民共和国农业部，2014.

［6］樱桃采摘完及时施基肥［M］.吾谷网，2020.

［7］棚栽樱桃病虫害防治［M］.新农村商网，2009.

［8］百度图片.

［9］潘凤荣，关海春.大樱桃新品种简介［M］.北方果树，1999.